原発再稼働と自治体

民意が動かす「3つの検証」

立石雅昭・にいがた自治体研究所 編

自治体研究社

「原発再稼働と自治体―民意が動かす「3つの検証」」 目次

序　原発立地自治体・地元自治体に問われていること

池内　了

福島事故が起きて7年半が過ぎました。最初、原発の再稼働は控えられていたのですが、2014年に策定されたエネルギー基本計画において原発をベースロード電源の1つとして位置付け、2030年までに20～22％の依存率を掲げたことから、原発の再稼働路線が完全復活したと言えるでしょう。閣議決定された2019年からのエネルギー基本計画も同じ路線を踏襲しています。原子力規制委員会は次々と「審査適合」の認可を行い、今では九州電力玄海3・4号機、川内1・2号機、関西電力大飯3・4号機、高浜3・4号機、四国電力伊方3号機の9機が再稼働（うち定期点検や裁判のため休止中が3機）しており、設置変更が許可された原発は東京電力柏崎刈羽6・7号機、美浜3号機、高浜1・2号機の5機（日本電源東海第2は審査書案決定）になっています。このうち、美浜3号機、高浜1・2号機、東海第2については、稼働後40年を越えた原発の20年延長を認めたもので、原子力規制委員会自身が原発の再稼働に前のめりになっていることが読み取れます。

また、7月4日に出された大飯原発3・4号機の差し止め訴訟において、名古屋高等裁判所金沢支部は「原発の危険性は社会通念上無視しうる程度に管理・統制されている」とし、原発の廃止・禁止については「立法府や行政府による政治的な判断に委ねられるべきだ」との、福島事故以前の司法への先祖帰りをしたかのような判決を下しました。自らの見識で原発再稼働についての責任ある判断を下すべき司法が、まったくその責任を放棄して政治に追随する姿勢を露呈したのです。

このように原発再稼働路線が猛威を振るっているのですが、それでも再稼働がスムーズに進んでいるとは言い難い状況とも言えます。それは国民の過半数が原発再稼働に懐疑的であり、反原発・脱原発の世論が社会に強く根を張っているためです。世界最大の柏崎刈羽原子力発電所を有する新潟県がその先頭に立っていることは明白で、平山知事の時代から福島原発事故の技術的検討を行う技術委員会を設置し、さらに米山知事になって原発事故による県民の生活と健康、避難計画の実態を検証する2委員会を発足させ、それら3つの検証委員会を束ねる検証総括委員会を加えて、福島原発事故からの教訓を明らかにするまでは原発の再稼働に同意しない態度を堅持してきたからです。

米山知事の突然の辞任の後の知事選挙において選出されたのは自民党・公明党推薦の花角英世《はなずみひでよ》氏ですが、彼が国政の原発再稼働路線とは一線を画して「脱原発の社会実現」を唱えているのも、県民の過半数を占める「原発再稼働反対」の世論を無視できないためです。そのこともあって花角氏は就任直後の6月の県議会において、①県独自の3つの検証を進める、②検証結果が示されない限り、再稼働の議論は始められない、③検証を踏まえ、実効性のある避難計画の検討を行う、④検証結果は広く情報共有するとともに、リーダーとしての責任を持って結論の全体像を示し、県民に信を問うことも含め、県民の意思を確認するプロセスが必要と考える。⑤県民の皆様が納得しない限り原発は動かさないという姿勢を貫く、と発言しています。

私たちは新知事にここで約束した内容を守ることを厳しく求めつつ、福島原発事故の検証作業をしっかり取り組んでいかねばなりません。新潟県の動向が日本の原発路線に決定的な影響を与えることを強く意識して、検証作業を厳格に進めることが求められていると思っています。

1　福島原発事故の現状

東電の社内では「津波で電源盤が水没したのがいけなかったのだから、そうならないようにすればよい」として、2017年12月の新潟県技術委員会で「事故の根本原因は解明された」と述べたそうです。東電は事故の直接原因のみに絞り、そのような失敗さえなければ事故は起こらなかったのだから、今後類似のことが起こらないよう手を打てば事故は起こらない、と通常の「技術の錯誤」の問題に矮小化しようとしています。

しかし、直接の原因を引き起こした背景にある要因を総合的に検討しなければなりません。なぜ大津波が予想されていたにもかかわらず防潮堤を嵩上げしなかったのか、なぜ電源盤をあのような場所に設置したのか、なぜ外部電源を複数の完全な独立系統にしておかなかったのか等々についての疑問に応えていないためです。原発は本来フェイルセーフの考え方ですべて安全サイドの手を打っておくべきであるのですが、それがなされていなかった、というより実を言えば本来的にそうできず、いったん事故が拡大し始めると打つ手がないのが原発なのでしょう。

さらに、社内の力関係、経済的配慮、多くの付加的な作業と人員配置、たいしたことにならないという傲慢さ、状況把握の不十分さ、万一の事故への想像力の不足、ものが言いづらい職場環境、上司への忠告の無視、下請け任せの安易な点検、労働環境の実態…と、数々の関連する検証すべき事象があり、それら全体を総合的に検討しなければ事故原因は明らかにできません。

それどころか、技術委員会の田中三彦委員がずっと疑問を呈しているように、津波が来る前に地震の衝撃で電源が失われていた可能性があり、電源喪失の理由という根本原因すらまだ明らかになっていません。これには1号機内部の壊れ方を実際に見なければならず、それが可能になるためには時間がかかるのですから、安易に再稼働を急ぐべきではありません。事故の検証を行うとは、そういう作業を地道に行うことではないでしょうか。

福島事故においては、周辺に居住していた住民の放射能汚染問題、環境の放射線が20ミリシーベルトのままでの帰還を強要している問題、甲状腺ガンの検査と結果に対する福島県「県民健康調査」検討委員会の議論、累積する汚染水とその海への投棄の問題、フレコンバッグに集められた除染物質の始末・管理・処理問題、周辺住民への補償に対するADRセンターの調停の減少など、数々の生活と健康に対する問題が生じています。その中で、東電は自らが持っているデータを十分に公開せず、住民の困難に向き合っていない姿勢が垣間見えます。東電がそのような不誠実な態度を取り続けるなら、柏崎刈羽原発を動かす資格はないと言うべきでしょう。

現実に福島で生じている問題について、東電は自らの利益を追求することばかりに終始せず、何ごとも隠すことなく表に出して正直に対応する姿勢を示さなければなりません。この東電の姿勢は適格性の検証を続ける上で重要な課題となると思われます。

2　3つの検証の意義と役割

上に一部書いたように検証委員会の仕事は多種多様ですが、原発事故の被害がどのようなものであり、住民の生活にどういう影響を及ぼしているか、がまず直接的な課題でしょう。これには実際の福島事故において、住民の健康や生活にどんな被害があり、どのように対処しているか（対処できないか）を実態に即した検証が必要です。それも、事故が起こった直後、それから数年の後、そして現在、の3時点を比べることが重要だと思います。時間の経過とともに、現場を取り巻く環境条件は変化し、人々の生活実態も変わっていくためです。

その中で、放射線被曝の問題は避けて通ることができず、また放射能汚染に関連した差別問題があり、農作物等福島産の製品の売れ行きに関する実害／風評被害の問題もあります。これらは住民へのインタビューも含めて具体的なテーマとして議論することが大切です。万一新潟で原発事故が起こった場合に予想される農作物や海産物の放射能汚染は、県レベルにとどまらず日本全体に深刻な打撃を与えることは必定です。そのようなことを念頭において、県民の生活と健康にいかなる問題が引き起こされるか、を考えることは大きな意義があるのではないでしょうか。

技術委員会は長年の歴史を持っており、原子力規制委員会や東電との交渉・協議の経験もあって、原発事故の原因を検証する上で重要な役割を負っています。福島事故国会調査委員会の報告にあったように、「規制当局が電力事業者の虜となっていた」のですが、その実態を明らかにすることは、現在の原子力規制委員会と東電の関係を検討する上でも参考になると思われます。原発の点検は実験が困難で、シミュレーションによって調べるしかないことが多いのですが、東電が行ったシミュレーション結果を規制委員会がそのまま承認し、安全対策は万全だと鵜呑みにしてしまう危険性があります。この点の検証が必要です。

さらに、柏崎刈羽原発に新たに提起されている地盤の液状化問題があります。強い地震で土地が急激に揺すられると液状化し、防潮堤が支えきれず、原発本体の地盤にも悪影響を及ぼす問題で、技術委員会として入念な調査をする必要があります。これは福島原発事故の検証というより、柏崎刈羽原発の特有の問題として取り組まねばなりません。この問題も含めて、技術委員会は新たに提起された問題についても、キメ細かに検討を行う姿勢を堅持する必要があります。

原発事故が発生した場合の住民の避難計画については、政府はガイドラインを設定しているだけであり、原子力規制委員会は一切タッチせず、各市町村任せになっています。実際の避難となれば一市町村に閉じず、多数の自治体の住民が入り混じって避難することは明らかですから自治体間の横の連絡が不可欠であり、県が全体を援助・指導しながら避難行動を組織しなければなりません。県でなければできないことなのです。ですから、季節や天候の状況に応じて、どこにどのようなルートで避難するかを前もって計画を策定し、実際の避難訓練をしておかなければなりません。県レベルでの実効性ある避難計画、これが今回設置された避難計画検証委員会の重要な仕事であることは明らかです。

さらに、今回の検証委員会の課題になっていないようですが、避難してから元の土地に戻るまでのプロセスも考えておかねばならないのではないでしょうか。この問題について、自治体が住民の安全性と多様性を大事にするという点を忘れてはなりません。福島県では、年間20ミリシーベルトを被曝限度として国の帰還方針が強行されていますが、福島の土地を離れて戻らないと決めた人、戻るかどうか迷っている人、放射線レベルが高くても元の地域に戻っている人、とさまざまです。そのためもあって、住民の間で深刻な対立や葛藤が生じていると伝えられています。

そのような困難を最小にするために、自治体は一律な対応ではなく、戻る、戻らない、何年か先にこの条件なら戻る、など選択肢を広げ、住民がどれを選んでも対等平等に生活を保障することを基本方針とすべきだと思います。避難計画の検証委員会としても、いったん原発事故が起こった場合の避難計画のみならず、このような帰還の条件も検討する必要があります。住民の多様な要望を詳しく検証して、原発再稼働の議論に反映させねばならないのではないでしょうか。

3　検証総括委員会の機能と役割

検証総括委員会の任務は、第一義的には、3つの検証委員会がそれぞれの課題について独立して検証を進めている状況に対し、そこで何が議論されているかを含め検証の進捗状況を報告し合いまとめることにあります。主要に何が話し合われているかを全体として把握しておくためです。

それとともに、3つの検証委員会でカバーできない問題があります。各検証委員会の境目の問題や関連はあるが互いに深入りできない問題について、総括委員会が取り上げて議論をすることです。先に述べた、避難先からの帰還の問題は、避難生活における住民の生活と健康の検証委員会の任務であるとともに、どのような条件が満たされれば帰還するかは避難計画の検証委員会でも検討すべきで、これらを総括委員会として総合的に議論する必要があるでしょう。

また、福島原発事故を引き起こした東電に、柏崎刈羽原発の事業者として適格性があるかどうかも、総括委員会として常に点検する姿勢を忘れてはなりません。例えば、放射性元素であるトリチウムを含む汚染水の処理の問題があります。タンクに汚染水を溜め続けるのは限界に近づいており、東電は規制委員会が認めたとして海に流す可能性が高いと言われています。しかし、規制委員会が認めようが認めまいが、東電が新たに海を汚染して漁業被害を引き起こすことは許されません。それは企業が果たすべき社会的責任であり、これに対しどのような誠意ある態度を示すかを注視する必要があります。もし新潟で事故が起これば、同じことが繰り返えされる可能性があるためです。

また、先に少し述べた「風評被害」について、どう考えるかという問題もあります。そもそもどこまでを風評と言うか難しい問題ですが、実害がある段階を過ぎて、実害はもはやないのに悪い評判のレッテルを貼られたまま定着してしまい、大きな経済的損失を被り続けることが多くあります。それも、県全体が被害を受けるでしょう。しかし、直接的に誰が犯人だとは言えません。そのような場合に、県や自治体としてどう対処できるかを打ち出す必要があります。この風評被害は放射能差別につながる問題と共通していて、避難している福島の子どもたちへのいじめの問題も含め、原発事故後の生活への影響・困難として、検証総括委員会として議論しておかねばならないのではないかと考えています。

これらは非常に微妙な問題が多く、実際に深く議論できるかどうか自信はありませんが、そのような課題も忘れないでいたいと思います。

このような検証委員会の議論を重ねていくプロセスの中では、県レベルだけでなく、原発周辺の自治体や住民の方々の意見を、どう汲み取っていくかが問題となるでしょう。事故が起これば直接の窓口になる市町村職員との意見交換や住民の方々との話し合いを持ちたいと思います。とはいえ、多くの思惑が交錯することが予想され、簡単に開催できるとは思いませんが、そのような対話ができなければ検証結果を総括する委員会の役目も果たせないのではないでしょうか。

4　行政の役割と自治の力

福島原発の周辺自治体では原発事故に備えてヨウ素剤が備蓄されていました。しかし、いざ原発事故が起こった際、ヨウ素剤を持っていながら、国の防災マニュアル規定に従って政府からの「飲用の指示」を待っており、結局指示が来なかったので住民に配らなかったという自治体がほとんどでした。もっとも、放射能を含んだプルームが接近しているのを見て、職員が独自の判断で住民にヨウ素剤を飲むよう指示した稀有な自治体もありました。このことは、自治体職員の自律的な判断がいかに大事かを物語っています。

いざというとき、一般に住民は市町村役場の指示を待つのですが、市町村役場は県の指示を待ち、県は国の指示を待つということになりがちです。そうであれば誰も責任を問われないためです。しかし、自治体として判断し、自主的に行動することも必要です。国や県の指示が来なくても、あるいは国や県との判断が異なっても、住民のためになるという確信があれば独自の手立てを選択すべきで、それが本来の地方自治の精神ではないでしょうか。災害が起きたようなときには、自治体職員は現場で住民の健康と生命を最優先で守るという意識を持って動くべきです。

このような「現場感覚」こそが、自治体職員に求められる判断力・決断力と言えるでしょう。自治体の職員が住民に一番近いところにいるという自覚を持ち、リアルタイムで自分たちが最善と思う選択をしていくことです。そのためには、前もっていろいろな状況を想像し、どのような選択肢があるかを想定して手引きを作成しておき、いざというときには自分たち自身の判断を最優先することが決定的に重要になります。後で、その判断が問題とされることもあり得ますが、そのような結果を恐れず、住民の命を守り、暮らしを守るための手を尽くすことこそが自治体職員に最優先に求められるのではないでしょうか。災害のときには、上からの指示待ちでは住民の命は守れません。現場で判断できるのは自治体職員と住民なのですから。

災害は突然に起きるものですから、その被害をいかに小さくするかは、住民に最も近い市町村の職員と住民の結びつきの強さに左右される、ということがわかると思います。町役場や市役所に日常的に住民の溜まり場があり、自治体はいつでも住民の声を聞ける関係を作っておくことが大事です。ところが、日本は明治以来、中央集権が貫徹して地方分権の精神が失われ、何ごとも国が決定権を持つようになったため、自治体の職員も中央の指導者の考えを忖度するようになって上意下達の社会になり、役所の敷居が高くなってしまいました。しかし、災害はどこにも一律に襲いかかってくるものではなく、地域によって大きく異なっています。それ故、災害時には地方自治の精神が最も発揮できると言えるのです。

5　今日の科学者・技術者の役割

最後に、国民の命や暮らしに大きな影響を与える科学者・技術者の今日的役割について触れておきたいと思います。

科学の目的は自然現象の原理や法則性を明らかにすることであり、技術の目的はその原理や法則を物質系に適用して人工物を創り出すことにあります。その意味で、技術は原理的な世界と現実の生活空間をつなぎ、人々の生活や健康に直接かかわる生産に密着しています。

ここで強調したいことは、生活に密着する技術は「妥協」の上で実行されるということです。原発問題では「割り切り」という言葉が使われました。これは原発事故当時に原子力安全委員会委員長であった班目春樹《まだらめはるき》氏が、かつて浜岡の原発裁判の際に、「住民の方々は安全のために、あれも付けろ、これも措置せよと言われるが、それらを全部応じていたら原発は重くなり過ぎて動きません。割り切って、これは省略する、これは軽いもので代用する、というようにしないと原発は動きません」という意味の証言を行ったことに由来します。

つまり、技術には100%の安全を求めることができず、現実に技術を機能させるためには不十分であっても「妥協」したり、「割り切って」省略したりする必要があります。100%の完全を求めると、予算が膨大になり、工期が長くなり、使いづらいものになってしまうため、技術は行使できなくなるからです。建築基準法とか耐震基準と呼ばれる技術の「基準」とは、満たすべき最低の目安を決めているもので、それをクリアすれば合格としています。原子力規制委員会の「新規制基準」も同じで、それを満たしておれば「適合」という判断が出されるのです。といっても、基準をクリアしているからといって、安全だというわけではありません。「規制委員会は安全を保証しているわけではない」と念を押しているのは当然で、その基準を上回る事象が起これば技術は破綻するからです。

私たちは、技術がこのような「妥協」の上の産物であることを忘れてはなりません。技術者は、技術の完全さを語るのではなく、技術の限界を語る必要があります。科学者は、私たちが行使している科学・技術の限界を想像し、社会に対して警告を発する義務があります。安全神話は技術の限界に一切触れず、プラス面と安全だけを言い募ることから生まれてくるもので、マイナス面も含めて科学・技術の限界を語る科学者・技術者でなければ、専門家としての役割を果たしていないことになります。

多くの科学・技術の成果に取り囲まれている現代においては、私たち自身も科学・技術の限界を絶えず意識しておくことが求められていると言えるでしょう。科学者・技術者は、市民に対し現代社会における科学・技術がいかなる状況にあり、どのように付き合うべきかについて参考意見を供する役割があります。そのような市民と科学者・技術者との間の交流こそが求められていると言えるでしょう。

そのときに注意すべきなのは、「何事であってもいったん開発に成功すれば、それを利用するのが人類の発展につながる」という科学者・技術者の考え方です。原発に関して、「原発はまだ未熟な技術だから事故は起こるが、試行錯誤によって原発を使いこなすようになることに人類の英知発展がある」という意見を述べる人がいます。ここには、いったん事故を起こしたときにどれだけ多数の人間の犠牲や悲しみがつきまとうかについては一切考慮されていません。この意見は技術の発展しか考えておらず、関連する人間に対する配慮がないことになります。これを私は「悪しき技術主義」と呼んでいますが、技術者はともすれば技術が発展しさえすればよいと考え勝ちになるのです。

私は、危険性が指摘される原発のような技術に関しては、安全性を確保するまで予防のための措置を最大限に尊重するという「予防措置原則」を適用すべきと考えています。原発は、予防措置原則から言えば安易に巨大化する技術ではないのです。もっとも、予防措置原則には反対論もあり、検証作業においても議論になると思っています。

ともあれ、科学や技術との付き合い方の新しい「原則」を、科学者・技術者と市民が議論し合って鍛えていくことが大事なのではないでしょうか。自治体の職員としても、このような問題に対して果たすべき役割があるのではないかと思います。

1　新潟県検証委員会の活動の意味

大矢健吉

２０１８年４月27日、米山隆一新潟県知事の予期せぬ辞職は、多くの県民と県政に衝撃を与えました。

１年半前の２０１６年10月、米山隆一氏は「市民と野党の共同」候補として、「福島原発事故の検証なしに、再稼働議論は始められない」という泉田裕彦前知事の立場を一歩すすめ、①福島第一原発事故の原因の徹底的な検証、②原発事故が私たちの健康と生活に及ぼす影響の徹底的な検証、③万一原発事故が起こった場合の安全な避難方法の徹底的な検証、の「３つの検証がなされない限り、再稼働の議論は始められない」との公約を明確にして、自民党・公明党が推薦する候補を大差で破って誕生した、新潟県政史上初の「野党系」知事でした。

1　新潟における「市民と野党の共闘」と県政

「市民と野党の共闘」で米山県政の誕生

２０１６年の知事選は、それに先立つ７月の参院選で、新潟選挙区が全国32の１人区の１

表１－１　新潟における参院選と知事選の投票結果（2016年）

参院選挙区（2016/7/10）			知事選（2016/10/16）		
森　裕子	無所属	560,429	米山　隆一	無所属	528,455
中原　八一	自　民	558,150	森　民夫	無所属	465,044
横井　基至	幸福実現	24,639	後藤　浩昌	無所属	11,086
			三村　誉一	無所属	8,704

つとなり（定数２から１減）、森裕子氏が勝利したことに続いて「市民と野党の共同」候補が連勝する結果となりました。

２０１７年の衆議院選挙（２０１７・10・22）では、新潟県内の６つの小選挙区で野党系候補者が４勝２敗と勝ち越し、全国的にも沖縄や北海道などと並んで「市民と野党の共同」候補が勝利をおさめた県として注目を集めました。

米山知事の突然の辞職を受けて、２０１８年６月10日投開票された知事選挙では、あらためて柏崎刈羽原発の再稼働問題が最大の争点となりました。

自民党・公明党が支持する中央官僚（海上保安庁次長）の花角英世氏と、告示直前に立候補を表明した「市民と野党の共同」候補・池田千賀子氏（柏崎市刈羽郡選挙区選出の県議）との事実上の一騎打ちとなりました。

自民党・公明党に支持された花角県政へ

政治論戦では、池田候補が「福島原発事故の検証結果が出ないもとでの再稼働は認めない」「新潟のことは新潟が決める」と公約して論戦をリードしましたが、結果は花角英世氏が当選しました。

かつてない激戦を振り返り、若干の特徴について触れておきたいと思います。

特徴の1つは、花角陣営の徹底した「争点隠し」でした。花角氏は、「脱原発」の公約を掲げました。それは「柏崎刈羽原発の再稼働ノー」の圧倒的な県民世論を前に、僅かでも「再稼働推進」と見られるような態度を取れば、ただちに敗北に直結するという判断があったからでしょう。

第二の特徴は、安倍政権批判をかわすための徹底した「自民党隠し」と、その反面での水面下の官邸や自民党・公明党本部からの締めつけでした。

「読売新聞」（6月12日付新潟版）は、以下のように報道しました。

「与党の存在感を抑える戦略だったが、内実は『いまだかつてない党を挙げての戦い』（与党県議）を展開した」「公明は首都圏や近畿の地方議員約４００人を県内に結集し、対面で支持を呼びかける『地上戦』を仕掛けた」「自民県議の一人は『顔を出させないステルス（隠密）作戦だ』と打ち明けた」。

表1－2　2018年知事選投票結果

知事選（2018/6/10）	
花角　英世	546,670
池田千賀子	509,568
安中　聡	45,628

地元紙「新潟日報」（6月12日付）も、「党本部を抑える。これが『新潟方式』だ」「自公は公認や推薦をせずに『支持』とし、選挙戦で国会議員らの露出を減らして、水面下で支持組織を引き締める」「大勢の衆参両院議員が入ったが、花角氏とは別行動で企業や団体を訪ねて回った」と、

書きました。

第三の特徴は、選挙期間中も脱法的な宣伝カーを出して候補者名を連呼し、違法ビラや違法ポスターなど、新潟県内ではかつて経験したことのない選挙戦となりました。

これらは、政権与党がいかに「市民と野党の共同」に脅威を抱き、「3連敗はゆるされない」と死に物狂いで取り組んだかを示すこととなりました。

9月30日投開票でたたかわれた沖縄県知事選挙においても、自民党・公明党は同様の選挙戦を「勝利の方程式」として2匹目のドジョウを得ようとしたようですが、結果はご承知の通りとなりました。

一方、1年半の間に2回の県知事選挙をたたかった新潟県においては、「市民と野党の共同」がさらに発展しました。幅広い市民と、立憲民主、国民民主、共産、自由、社民、無所属の会、民進、新社会、緑の党などの政党・会派の共同が実現し、さらに地域での共闘も前進し、2019年の統一地方選挙にむけて、定数1・2の県議選でも勝利しようと、新たな共闘が広がっています。

引き続き「3つの検証」をすすめる花角知事

こうして誕生した花角新知事は、就任直後の6月定例新潟県議会で、以下のような「所信表明」を行ないました。

〈花角知事の所信表明（2018年6月27日）〉

（前略）次に、柏崎刈羽原子力発電所の再稼働問題についてです。福島第一原発の過酷な事故から7年が経過した今もなお、事故収束の目処が立っていない中、多くの県民の皆様が持っている原発に対する不安は、私も共有しており、将来的には、原発に依存しない社会の実現を目指してまいりたいと考えております。

しかし一方で、原発は現に県内に存在しており、国では再稼働に向けた手続きが進められています。原発が立地する本県としては、県民の「命とくらしを守ること」これが第一であり、原発再稼働問題については、米山前知事が進めていた福島第一原発事故原因の検証、原発事故が私たちの健康と生活に及ぼす影響の検証、万一原発事故が起こった場合の安全な避難方法の検証の3つの検証を引き継ぎ、検証を進めてまいります。

その検証結果が示されない限り、原発再稼働の議論を始めることはできないという姿勢を堅持してまいります。検証の結果については、広く県民の皆様と情報共有するとともに、評価をいただき、その上で、リーダーとして責任を持って、結論の全体像を県民の皆様にお示しします。そして、その結論を受け入れていただけるかどうかについて、県民に信を問うことも含め、県民の皆様の意思を確認するプロセスが必要であると考えております。

また、県民の安全・安心を守るため、万一の原発事故に備え、関係市町村、関係機関と協力しながら、より実効性の高い避難計画の策定に取り組むとともに、必要な対策を国に求めてまいります。（後略）

要約すれば、米山知事が始めた「3つの検証」を継承し、その結果が示されない限り再稼働の議論は始められない、検証結果は県民と共有し何らかの形で信を問う、というものです。花角知事の選挙公約──「『3つの検証』なしに、再稼働議論は始められない」立場を堅持する姿勢は、就任3ヵ月を経た現在も貫かれているように見えます。

しかし、当選直後の「朝日新聞」（6月16日付）は、「再稼働　条件付き容認の可能性は　花角知事『ありうる』　国会議員との質疑で」と見出しを立て、以下のように報道していることにも触れておかなければなりません。

「花角英世知事は（6月）15日、来年度政府予算の概算要求に向けた県の要望を各省庁に伝えるため上京した。県選出の国会議員への説明の場では、自身の任期中に東京電力柏崎刈羽原発の再稼働を認める可能性について問われ、『当然ありうる』と答えた」「説明会は冒頭を除き非公開で開かれた。出席者によると、無所属の会の黒岩宇洋衆院議員（3区）が『条件付きで再稼働を認める可能性はあるのか』と質問したのに対し、花角知事は『当然ありうる。ゼロか1かの予断を持っていない』と答えたという。」

2　柏崎刈羽原発6・7号機、新規制基準に「適合」

原子力規制委員会は、すでに昨年（2017年）12月末、柏崎刈羽原発6・7号機の新規制基準「適合」の判断を下し、安倍政権は新潟県知事選を経た7月3日、あらためて原発を

「ベースロード電源」と位置づけ、2030年の電源構成比20〜22%を原発で賄うとする「第5次エネルギー基本計画」を閣議決定しました。

「原子力ムラ」の住人以外で、新規制基準に「適合」したから「再稼働しても構わない」と考える新潟県民は、おそらく皆無といっていいでしょう。

誤解のないように新規制基準「原子炉等規制法に基づく発電用原子炉施設に係る規制」にもとづく適合性審査の手順について簡単に見ておくと、次のようになります。

柏崎刈羽原発など、3・11以前に運転されていた原発を再稼働させるためには、原子炉等規制法に基づく①設置変更許可、②工事計画認可、③保安規定変更認可、④使用前検査などの許認可をクリアすることが求められます。これらは通常、電力事業者から規制委員会に提出される申請を受けて、同時並行的に審査が実施されます。

昨年12月の柏崎刈羽原発6・7号機の「適合」判断は、「(原子炉) 設置変更許可」に関する審査が「適合」した段階にすぎず、同時並行で審査されている「工事計画認可」及び「保安規定変更認可」などについては、引き続き審査作業が継続されています。(審査書全文は、規制委員会ホームページに掲載 https://www.nsr.go.jp/data/000214696.pdf)。

「(原子炉) 設置変更許可申請」が「適合」とされ、関連する付帯工事が実施されることになりますが、柏崎刈羽原発は、昨年12月の「適合」判断後も、地盤の液状化でフィルタベントが損傷する危険性や大口径の冷却水取水口が浮き上がる危険性、高台に配備した非常用電源車の地盤も液状化の危険が指摘されるなど、次々に問題点と課題が明らかになっています。

こうした背景をふまえ、新潟県が実施している「3つの検証」作業がもつきわめて重要な意義について、以下考察します。

3 「3つの検証」の前史

「巻原発」「プルサーマル導入」を住民投票で阻止

新潟県には原発建設を阻止した地域のたたかいがあります。それは、西蒲原郡巻町（現新潟市西蒲区）です。

東北電力は1971年、日本海に面した巻町の角海浜・五ケ浜に巻原発を建設する計画（用地約200万㎡、沸騰水型（BWR）1号機75万kW、2・3号機も建設する）を公表しました。町議会と町長も建設に同意したことから、81年には国の電源開発基本計画にも組み入れられ、東北電力は82年、原子炉設置許可申請書を提出して安全審査が始まりました。

淡々と進むかに見えた巻原発建設は、用地の中心部に9000㎡余りの町有地（墓地や町道など）が未買収で残されていたため、用地取得の不調が理由となって安全審査が中断されたのです。この計画をストップしたのは、住民投票でした。

94年10月、「巻原発・住民投票を実行する会」が発足し、95年1～2月の15日間をかけて自主管理の住民投票を実施（投票率45・2％、巻原発建設に「反対」９８５４票、「賛成」４７４票、無効50票）しましたが、当時の町長はこの結果を無視しました。

その後、住民投票条例の成立、条例の改定（「町長が議会の同意を得て実施」すると条例内容を改定）、町長リコール運動と町長の辞職を経て、町長選で住民投票の実施を掲げた笹口孝明氏が当選しました。96年8月4日、全国初の条例に基づく住民投票が実施（61％の町民が巻原発建設に「反対」）され、投票の結果を受けて笹口町長は、町有地を売却しないと表明したため、東北電力は巻原発建設を断念しました（詳しくは日本科学者会議編「原発を阻止した地域の闘い」など参照）。

さらに刈羽村では、２００１年に柏崎刈羽原発３号機へのプルサーマル計画（プルトニウム混合燃料を使用する計画）導入の是非を問う住民投票が実施され、反対多数で阻止した経験を持っています。

東京電力による数々の隠ぺい、「県技術委員会」の発足

２００２年、東京電力が福島第一原発および第二原発、柏崎刈羽原発で、炉心隔壁（シュラウド）の

表1－3　巻町原発住民投票の結果
（1996年8月）

有権者数	23,222	
投票総数	20,503	88.29%
巻原発建設に反対	12,478	60.85%
賛　成	7,904	38.55%

表1－4　刈羽村住民投票の結果
（2001年5月）

有権者数	4,092	
投票数	3,607	88.14%
プルサーマルに反対	1,925	53.37%
賛　成	1,533	42.50%
保　留	131	3.63%

ひび割れなど29件のトラブルを隠していたことが明るみに出て県民に衝撃を与えました。これを契機に、平山知事（当時）のもとで県と東電の間で安全協定が結ばれ、２００３年に「新潟県原子力発電所の安全管理に関する技術委員会（技術委員会）」が設置されたのです（立石論文参照）。

国と電力、経済界、原発推進派知識人など、いわゆる「原子力ムラ」がふりまく「安全神話」が人々を虜《とりこ》にしていたとき、この「技術委員会」は次々に画期的な仕事をしていきました。

中越沖地震

２００4年10月23日、中越大震災が新潟県を襲い、わずか3年後の２００7年7月16日には柏崎刈羽原発の沖合を震源とするマグニチュード6・8、最大震度6強の中越沖地震による揺れで柏崎刈羽原発のすべての原子炉が緊急停止しました。3号機に隣接する変圧器火災の鎮火に手間取り、全炉心の冷却にいたるまで20時間も要するなど、あわや「シビアアクシデント」の直前までひっ迫する状況となったのです。

東京電力は後に、この地震の揺れ（加速度）が3号機タービン建屋1階で２０５8ガル《ガル》（想定地震動８３4ガル《ガル》）にのぼり、耐震設計時に想定した基準加速度を大きく上回っていたと発表しました。発電所からの情報伝達は、新潟県庁にも詳しく伝わらず、環境放射線の測定データも地震直後から途絶え、泉田知事（当時）は地元自治体と住民避難を真剣に検討し始めていたとされます。

この中越沖地震を経て２００８年、県技術委員会は大きく充実・改組され、「地震、地質・地盤に関する小委員会」と「設備健全性・耐震安全性小委員会」が設置されて、当時の原子力安全保安院より踏み込んだ議論を行なって、問題点を県民に伝えるという画期的な役割を担うようになりました。

東日本大震災と福島第一原発事故

２０１１年3月11日の東日本大震災とそれにつづく東京電力福島第一原子力発電所の事故は、日本と世界の原子力行政を大きく揺るがすものとなりました。

日本と世界の多くの人々が、虜にされていた「安全神話」の軛《くびき》から離れ、ようやく「原発と人類は共存できない」という認識にたどり着いたのです。

国は3・11後、それまでは「推進機関」と「規制機関」が同居していた経済産業省・資源エネルギー庁の原子力安全保安院を改組せざるを得なくなり、「政府事故調」「国会事故調」などでの事故原因の究明は不十分なまま、「世界一厳しい」と称する「新規制基準」を作成し、原子力規制庁と原子力規制委員会を立ち上げました。

こうしたもとで、「福島第一原発事故の検証なしに、再稼働論議は始められない」と表明した泉田知事（当時）によって、技術委員会の役割にいっそうの重みが加わります。事故原因の究明のため、6つの「課題別ディスカッション」が設置され、疑問とされる課題は、東電の担当者の参加のもとで、厳しく徹底して解明される仕組みが作られました。

その後、福島原発事故時にメルトダウン（炉心溶融）の公表が2ヵ月も遅れたことに関連する議論の中で、事故後5年を経てようやく東電内部のマニュアルを明るみに出すなどの成果を生み出したことは、「技術委員会」の果たした役割として特筆に値するでしょう。

問題は、本来、国が行うべき検証作業である福島原発事故の原因解明や、周辺住民の健康と生活への影響調査などは依然としてサボタージュされ、国はあたかも新潟県の検証作業にゆだねているかのような姿勢をとっていることです。「新規制基準」は「世界一の厳しさ」どころか、国際原子力機関（ＩＡＥＡ）の「深層防護」の考え方に照らしても、「第5層」の「避難計画」が欠落しており、その是正の必要性が繰り返し指摘されています。

「安全神話」の崩壊によって、多くの新潟県民と柏崎刈羽原発周辺の住民は、「再稼働ノー」の意思を強めると同時に、「もし過酷事故が起きたらどうすればよいのか」という思いを募らせています。原発事故に直面したときに、被ばくを可能な限り避けるための実効性ある避難計画の作成は、非常に切実な願いとなっているのです。

だからこそ、「3つの検証」は、圧倒的な県民から支持され、実りある結論が得られるよう強く期待されているのです。

「経済神話」の崩壊の始まり

柏崎刈羽原発の地元、柏崎市と刈羽村の議会で2015年6月、早期再稼働を求める柏崎商工会議所と刈羽村商工会の請願が賛成多数で可決されました。請願書は、原子力規制委員会の新規制基準に適合すると判断された場合には「1日も早い運転再開を」求めるもので、「柏崎地域も原発運転停止による負の影響が市内全業種に及び、かつてないほどに地域経済の疲弊が懸念されている」と、柏崎刈羽原発の再稼働が地域経済打開の決定打であるかのような思いを抱かせる立場が色濃く打ち出されていました。

地元経済界などが主張する原発の地元経済への効果は、本当に根拠のあるものなのでしょうか。この問いに対する回答は、すでに岡田知弘氏（京都大学教授）と川瀬光義氏（京都府立大学教授）が、地元調査にもとづいて以下のように指摘していました（『原発に依存しない地域づくりへの展望』2013年、自治体研究社）。

「柏崎商工会議所会員1827社で、うちアンケートに回答したのは695社」「回答企業のうち『原発と取引がある』とした企業は44%、306社」「しかし、2012年2月時点の柏崎市内全4879社（総務省統計局『平成24年経済センサス―活動調査』）を母数にすると、実際の原発取引企業の比率は9%となります」。

岡田氏はさらに、「それぞれの企業が、どれだけの比率で原発に依存しているかという実態が問題」と指摘し、産業別に分析を深めています。原発と取引のある306社のうち売上高の50％以上、「つまり過半を依存しているところは17％、51社」にすぎず、発電メンテナンス業25社、建設業13社、卸売業4社など、「業種的に限られている」ことが分かりました。そして、「商工会議所の会員よりも小規模な法人経営、個人経営」についても、柏崎民主商工会の調査をふまえ、「原発に依存している企業の比率は、小規模経営ほど相対的に少ない」と指摘して、「原発に売上高の50％以上依存している企業・業者の比率は、最大に見積もっても1割ぐらいだろう」と結論付けました。

その後、地元紙「新潟日報」は、柏崎市・刈羽村の地元企業「100社調査」を行なって、その結果について連載を行ないました（2015年12月）。この連載は後に単行本（『崩れた原発『経済神話』』明石書店、2017年）になり、「検証作業で浮かび上がったのは、原発の経済効果は根拠の乏しい『神話』にすぎなかった」と結論付けています。

「安全神話」は崩壊したのに、「経済神話」はいまだに残存している状況は打開しなければなりません。「原子力ムラ」がしがみついている根拠の乏しい「経済神話」の崩壊を、加速させる必要があるでしょう。

4　「3つの検証」は米山知事で具体化、花角知事は「継承」

米山知事は、就任直後の2016年11月、臨時県議会で以下のような所信表明を行ないました。

「(前略) 原発再稼働問題については、県民の安全を最優先してきた泉田前知事の路線を継承し、福島原発事故の徹底的な検証、原発事故が私たちの健康と生活に及ぼす影響の徹底的な検証、そして万一原発事故が起こった場合の安全な避難方法の徹底的な検証の三つがなされない限り、再稼働の議論は始められないという立場を堅持して対応してまいります。(後略)」

こうして、米山知事の選挙公約の具体化が始まりました。

「新潟県原子力発電所の安全管理に関する技術委員会(技術委員会)」は、福島原発事故原因の検証をひきつづき徹底して進めるとともに、2017年秋までに「新潟県原子力発電所事故による健康と生活への影響に関する検証委員会(健康・生活委員会)」と「新潟県原子力災害時の避難方法に関する検証委員会(避難委員会)」を立ち上げて、「健康・生活委員会」では福島原発周辺住民と避難者の健康と生活への影響の検証を、「避難委員会」では、「安全な避難方法」の検証を開始しました。

年が明け2018年2月には、これら3つの検証結果をとりまとめる「新潟県原子力発電所事故に関する検証総括委員会（検証総括委員会）」が第1回会議を開催。委員長には、池内了氏（総合研究大学院大学名誉教授）が就任しました。

突然の米山知事辞任と、その後の知事選挙により、約半年間のブランクが生じましたが、2018年9月に入ると「避難委員会」（10日）、「健康・生活委員会、生活部会」（11日）、「技術委員会、課題別ディスカッション」（12日）と、相次いで検証作業が再開されました。花角知事は「避難委員会」に参加して「前知事が作った3つの検証の枠組みを私も維持していく。避難方法を検証し、議論を深めていただきたい」とあいさつしました。

5　避難計画と避難訓練をめぐって—新潟県議会での最近の論戦

2018年9月定例新潟県議会で議論になった避難計画と避難訓練の問題について紹介します。9月28日の一般質問で、渋谷明治県議（日本共産党）は以下のように質問しました。

「知事は、避難委員会で『避難計画を早急に取りまとめ、避難訓練を行う』とあいさつされていますが、いつごろまでに避難計画を取りまとめ、訓練はどのような規模でいつごろ実施するおつもりでしょうか。」

花角知事は、次のように答弁しました。

「現在県の広域避難の行動計画について、避難対応に係る各種マニュアル等を充実させるなど実効性を向上させ、年明け早いうちに広域避難計画をまとめるよう作業を進めております。訓練については、この広域避難計画をふまえて年度内に机上訓練を実施したい」「実動訓練については来年度以降に実施したい。」

1ヵ月ほど遡る8月25～26日、政府は関西電力・大飯原発と高浜原発の同時事故を想定して、原子力防災訓練を実施しています。報道によれば、この訓練は2日間で住民約1万7千人、地元福井県だけでなく京都府、滋賀県、兵庫県や自衛隊など実動部隊の艦船、ヘリも参加する大掛かりなものでした。

渋谷県議は、委員会の質疑で防災局に対し「この訓練はどれくらいの準備期間と予算がかかったのか」と質しましたが、原子力安全対策課長は「内閣府に確認しましたところ、準備期間は約1年前からの準備」「予算については詳細なところは詰めていないとのことでわからない」と答えています。

柏崎刈羽原発の30キロ圏内には、約44万人の県民が暮らしています。重大事故が発生した時の風向きによっては新潟県全域、さらには隣県にも被害が及ぶでしょう。

県民の不安・関心・要求は、いざ原発事故に直面した時にどうすればよいのか、どのように避難するのか、一体避難することはできるのか、という点にあります。

先の北海道胆振東部地震の際には、泊原発がブラックアウトによって外部電源を失い、非常用電源で使用済み核燃料の冷却をつづけていたことが明らかになっています。たとえ原子炉が止まっていても、使用済み核燃料の冷却機能が失われれば、過酷事故につながる可能性があるだけに、一刻も早く実効性ある避難計画の作成と避難訓練の実施が待たれているのです。

「3つの検証」作業は、新潟県民にとってだけでなく、全国民の注視するところといえるのではないでしょうか。

2　技術委員会の検証—明らかにしてきたことと引き続く課題

立石雅昭

２０１１年3月11日、午後2時46分、東北地方太平洋沖地震が発生しました。世界でも最大級のＭ９・０、震源深さ24㎞のプレート間地震です。

この地震で、その日新潟県の「地震、地質・地盤に関する小委員会」が開かれていた新潟県庁脇の自治会館も大きな揺れ（震度４）に見舞われました。この日の小委員会は、２００7年の中越沖地震で被災した柏崎刈羽原発の7基の原子炉のうち、再稼働していなかった2～4号機の耐震安全性・耐津波安全性を審議していました。会場を襲った揺れはかなり大きく、また、2分以上にわたって揺れたため、柏崎刈羽原発への影響が懸念されました。東電社員や県安全対策課の職員がとりあえずの安全を確認したのち、小委員会は再開されましたが、早々に解散となりました。

この地震とそれに伴って発生した巨大津波が東北から関東地方の太平洋岸に沿って建てられていた原発群を襲いました。全交流電源を喪失し、冷却機能を失った福島第一原発では、その日の夕刻、事態の説明もなく周辺住民への避難指示が発出されたのです。日本の原発は安全だと豪語してきた政府、電力会社、研究者・技術者の思惑をはるかに越えて事態が進行し、福島第一原発の1・2・3号機は炉心溶融（メルトダウン）をおこし、まず、翌12日午後には1号機で爆発し、以降、3号機・4号機と相次いで爆発し、大量の放射性物質を放出しました。国際原子力安全機構（ＩＡＥＡ）が定める国際原子力事象評価尺度でいう最悪のレベル7の原発事故となったのです。

1　県技術委員会の設置と改組・充実

福島原発事故以降、全原発が停止した柏崎刈羽原発の稼働について、新潟県の泉田裕彦元知事は、再稼働を進めようとする東電や経済産業省の動きに対して、「福島原発事故の検証と総括の無いまま、再稼働云々はありえない」と再三にわたって発言してきました。新潟県においてこの事故の検証を担ってきた「新潟県の原発の安全管理に関する技術委員会」（以下、技術委員会）は次のような経緯で設置されていました。

２０００年に東京電力の福島第一・第二原子力発電所、ならびに柏崎刈羽原子力発電所の13基の自主点検作業を行ったアメリカのゼネラル・エレクトリック・インターナショナル社（ＧＥＩ）の技術者が東京電力による点検記録の改ざんを告発しました。東京電力はその経緯の調査に非協力的でしたが、ＧＥＩ社が当時の原子力安全・保安院への全面協力を約束するに及んで、東京電力は２００２年にトラブルの改ざん・隠蔽を認め、当時の社長以下五役員が辞任しました。炉心隔壁（シュラウド）や、冷却水を炉心に流すジェットポンプなど、13基の原発において１９８０年代から１９９０年にかけて行われた東京電力による29件の改ざん・隠蔽は、柏崎刈羽原発を受け入れてきた新潟県にも大きな衝撃を与え、当時の平山県知事の下で、東京電力との間で新たな安全協定が結ばれ、２００３年に「技術委員会」が設置されたのです。

この委員会の設置は、それまでの県原子力行政を大きく転換させました。それまで東京電力の一方的な説明を受け入れてきた県は、この委員会での専門家の議論を経て原子力発電所の安全性をより主体的に検討するように変化したのです。この委員会は２００７年の中越沖地震によって柏崎刈羽原発が世界で初めて地震災害をこうむったことを機に２００８年に充実・改組されました。技術委員会の下に、冒頭に述べた「地震、地質・地盤に関する小委員会」と「設備健全性・耐震安全性小委員会」の２つの小委員会が設置され、国の安全保安院による安全性審査よりはるかに掘り下げて審議するとともに、柏崎刈羽原発の安全に関わる重大な課題・問題点を広く県民に伝える役割を担うようになったのです。

2　技術委員会による福島原発事故の検証

福島第一原発の過酷事故がなぜ起こったのか、この検証を曖昧にしたまま、各地の原発を再稼働する動きが安倍政権と経済産業省、原子力規制委員会、そして電力事業者を初めとする経済界によって推し進められています。こうした動きに対して、新潟県の泉田元知事は先に述べたように「福島原発事故の検証と総括の無いまま、再稼働云々はありえない」と発言してきました。この見解は、「再稼働を認めざるを得ない」と考える人達を含めて、多くの新潟県民が抱く原発への危惧の念を受け止めたものであり、全国各地で検証抜きに進む再稼働論議に大きな疑義を投げかけるものでした。2016年ならびに2018年の新潟県知事選挙においても、この「福島原発事故の検証無くして、再稼働論議はしない」との県の基本的路線は広く県民の支持を得てきたのです。

泉田知事の意向を受けて、「技術委員会」では事故直後から福島原発事故の検証を進め、福島第一・第二原発の視察も行って、2013年3月に「中間まとめ」を公表しています。この報告に基づいて、県は4月10日には原子力規制委員会に対して「原子力発電所の安全対策及び住民などの防護対策について」という要望（http://www.pref.niigata.lg.jp/genshiryoku/）を提出しています。原発事故による住民の被ばく・被害を少しでも軽減するという立場に立てば、少なくとも、これらの要望を可及的、速やかに実現させることが原発に向き合う立地自治体としての基本的姿勢でしょう。

2014年以降、県技術委員会は、先に検証結果をとりまとめた東電・国会・政府・民間の4つの検証結果について、各委員会からその要点の報告を受けるとともに、「中間まとめ」の結果を基に、事故の検証に関わる多岐にわたる課題を大きく次の6つに分け、その課題毎に「課題別ディスカッション」として、東電からの資料や調査報告を受けて議論を進めてきました。

1　地震動による重要機器の影響
2　海水注入等の重大事項の意思決定
3　東京電力の事故対応マネジメント
4　メルトダウン等の情報発信の在り方
5　高線量下の作業
6　シビアアクシデント対策

いずれも規制委員会の下の「事故分析検討会」よりもはるかに深く掘り下げた議論を行っています。そのうち、「課題5　高線量下の作業」と「課題6　シビアアクシデント」については審議の結果のとりまとめが行われ、提言ならびに議論の整理という形でまとめられています（http://www.pref.niigata.lg.jp/HTML_Article/397/433/141105_teigen,1.pdf；http://www.pref.niigata.lg.jp/HTML_Article/867/439/150527seiri6.pdf）。課題1、ならびに課題2～4の検証については現在も継続中です。

以下、ここでは課題別ディスカッション1重要機器への地震動の影響、と課題別ディスカッション2～4メルダウン等の情報発信の在りかたなどについて、明らかにされてきた点を記述します。

(1) 地震動の重要機器への影響について

技術委員会では1号機原子炉建屋とタービン建屋周辺の二度にわたる現地視察を行い、その視察結果も参考にしつつ、地震動の影響を検討しています。地震によって送電鉄塔が倒壊し、外部電源が途絶えたなか、全交流電源が喪失した要因について、東電はじめ原子力規制委員会は「想定外」の巨大津波によるものとしていますが、技術委員会ではこの説に必ずしも全面的な賛同が得られていません。

この点では、全交流電源の喪失を引き起こしたとされる津波の敷地への到達時間に関して、東電の解析が全面的に正しいとは言えないにもかかわらず、東電は津波による電源喪失に固執しています。課題別ディスカッション1では、この津波到達時間について一貫して疑義を唱えてきた伊藤和憲弁護士をオブザーバーに招き、見解を聞くとともに、東電の解析の問題点が議論されてきました。その中で、東北大学の今村教授による敷地前面の海域の地形や障害物などの配置も勘案した津波挙動のシミュレーション結果が紹介され、敷地への津波の襲来時間のずれなどについて、これまでの東電の解析の不十分さが明らかにされました。東電は二年前に行われたこのシミュレーション結果を知りながら、無視し、自説に都合の良い解析だけに頼って説明を繰り返してきたのです。

また、現地視察で観察した原子炉建屋1号機4階の非常時炉心冷却装置の1つである非常用復水器（ＩＣ）周りの破損状況については、東電や原子力規制委員会は5階からの爆風によるものと主張してきましたが、小規模爆発に関する研究者である産業技術総合研究所の緒方雄二さんをオブザーバーとして招き、意見交換をしました。その結果、4階でも爆発が生じていた可能性が高いと言わざるをえないとの結論に達したのです。この点でも、東電は、自説である5階爆発説に固執していますが、多くの技術委員は4階での小規模な爆発が否定できないと考えています。そうだとすれば、小規模でも4階で局所的な水素ガスの濃集が起こった経緯の解明が求められます。

地震によって構造物や配管に微少な亀裂が生じていたかどうか、あるいは全く亀裂・破損がなかったかどうかといった問題は、爆発に伴って大量の放射性物質を放出した原子炉建屋とその周辺、さらには機器や配管もなお高濃度に汚染されていて、詳細に観察・分析することが困難で、現時点では決定的な物証を得ることは不可能です。こうした状況下では、委員の指摘する可能性も排除せず、広い視野からより詳細な分析を行い、事故に至る経緯を検討する姿勢が欠かせません。この点で、東電はもとより、原子力規制委員会は自分たちに都合の良い解析手法と結果に固執することを止めるべきです。

⑵　課題別ディスカッション2～4炉心溶融の情報発信など

東京電力は、福島第一原発の1～3号機の炉心溶融（メルトダウン）を事故後2ヵ月経ってようやく認めましたが、その認定が遅れた要因として、2014年来のこの課題別のディスカッションや技術委員会の場で、一貫して次のように主張していました。

「炉心溶融（＝メルトダウン）を使うなと言う指示は誰からも出ていないが、情報公開に当たっては『憶測や推測に基づく説明を極力回避』、『(炉心溶融＝メルトダウンという) 定義が定まっていない用語の使用は控える』といった対応が必要と考え、『炉心溶融』、『メルトダウン』という用語を使用してはいけないという一種の『空気』のようなものが醸成されていた。」

現場の技術者も含めて、社会全体がそのように流れていくのは納得できないとする委員の再三の指摘にもかかわらず、東電は2016年2月10日の課題別ディスカッションの場でもこのように主張していたのです。ところが2016年2月24日、突如、東電は記者会見を行い、メルトダウンの定義を書き込んだ事故対策マニュアルの存在を認め、それに沿って判断していれば、「2011年3月14日の早朝には炉心溶融していたと判断される」と公表しました。同時に「マニュアルの存在を見過ごしてきたのはなぜか、また、県技術委員会に対して、虚偽の報告を繰り返してきたのはなぜか」を明らかにするために弁護士らによる第三者検証委員会を設置し、解明するとしたのです。

これに対して、技術委員会は、この課題に関わって検証するべき70の項目を提出しました。東電は第三者委員会でこれらの項目全てを対象として検証することはできないとして、東京電力と県による合同委員会の設置を提案。県はこの提案を受け入れ、東京電力・新潟県合同検証委員会を設置し、技術委員から3名を委員として派遣しました。

(3)　東京電力・新潟県合同検証委員会の検証

東京電力が設置した第三者検証委員会は6月になって、検証結果の報告を作成。それを受け、東京電力はその検証結果の指摘に沿って、ふたたび同じことを繰り返さないために「反省と誓い」なる文章を公表しました。

新潟県は第三者委員会の検証結果を整理し、合同検証委員会で明らかにするべきいくつかの課題を検証のポイントとして以下のように示しました。

炉心溶融の隠ぺいの背景、指示の伝播

東京電力が社長の指示により炉心溶融（メルトダウン）を隠ぺいしていたことが明らかになったが、なぜ社長が隠ぺいを指示したのか、どのように隠ぺいの指示が社内に伝播したのかが明らかになっていない。

技術委員会への対応

東京電力が技術委員会からの質問に回答するに当たり、社内でどのような調査を行い、どのような意思決定を行っていたかなどが明らかになっていない。

炉心溶融の定義が明らかにならなかった原因

東京電力では、一定の社員が炉心溶融の定義を認識していたにもかかわらず、なぜ定義が約5年間も明らかにならなかったのか、その原因が明らかになっていない。

通報されなかった原災法15条事象

「炉心溶融」を含む多くの原災法15条事象が通報・連絡されていないが、その原因が明らかになっていない。

「炉心溶融」の根拠

原災マニュアルで炉心損傷割合5％を「炉心溶融」と定義した技術的根拠が明らかになっていない。

運転操作手順書の適用状況

運転操作手順書等に基づく事故対応がどの程度行われたのか明らかになっていない。

合同検証委員会は東電社員・関係者のアンケートとヒアリングによる調査、ならびに分析をもとに、70項目についてこの検証のポイントを中心に議論を進め、2018年度第2回技術委員会にまとめの報告を提出しました。その報告では、現場技術者をはじめ、事故直後から炉心溶融（＝メルトダウン）に至っていると認識していた社員が少なからずいたという事実と、定義の曖昧なこの用語を使うべきではないと思っていた当時の清水正孝社長自身が、武藤副社長に『炉心溶融という用語』を使用しないように指示した事実が明らかにされています。

合同検証委員会によるこの報告では、炉心溶融（＝メルトダウン）に至っていたという事実を国民に、県民になぜ公表しなかったのかという本質的な問題については、必ずしも明らかにされていません。筆者は、原子力災害対策マニュアルに判断基準があったということが明らかにされた段階から以下のように主張してきましたが、合同検証委員会の報告では必ずしも取り上げられていません。

すなわち、問題は、誰がどうこうということよりも、ＣＡＭＳ（格納容器内雰囲気モニタ）のデータが出てきた14日の段階で、当時の基準に従えば、炉心溶融に至っているということを誰も判断しなかったのはなぜかということです。電源が回復してＣＡＭＳのデータが得られ、現場からはこういうデータが出ましたとすぐ発出されています。その基準を作った人もいるし、そのCAMSのデータは当時の原子力安全・保安院や内閣府などにも送られていますね。しかし、そのデータを見ても「定義に従えば炉心溶融に至っている」と誰も判断しなかったのです。これは非常に大きな問題で、確かに情報隠しうんぬんということもありますが、炉心の状態がどのようになっているかということを判断する基準であったにもかかわらず、それをきちんと認識できなかったというのはなぜなのでしょう。炉心溶融（＝メルトダウン）の判断基準については、いろいろと議論があり、科学的に非常にあいまいだという思いが、社内だけではなくて業界、行政の全体に広がっていたことは事実なのです。が、しかし一方で、防災会議も含めて、これが炉心溶融の定義だと決め、そのときにはどう対応しなければならないかということは決まっていたはずなのに、それを全部サボタージュ、無視したというのは、もっと大きな問題です。きちんとしたデータが出てきても、その意味するところを判断する能力がないというのはきわめて重大です。

これは事故に対して一義的責任を有する東京電力の体質・能力だけの問題ではなく、日本における原子力行政に関わる本質的問題を内在しています。災害対策マニュアルに沿った対応を怠り、膨大な放射能を拡散させ、住民を被曝させた全過程を明らかにするために行われている本検証は、東京電力の対応とともに、官邸や原子力安全・保安院、さらには原子力防災会議の対応の問題も取り上げなければなりません。

今回の経緯については、規制委員会をはじめ、防災会議、ほかの電力事業者も一切口をつぐんだままです。まだ解明されなければならない多くの課題が存在し、引き続き、議論を深めるとともに、経緯を明らかにするために、新潟県として防災会議ならびに規制委員会に対して質問を提出するべきです。

3　未解明の検証課題—原子力防災上重要な緊急時対応支援システムのサブシステムについて

サブシステムＰＢＳ（プラント事故挙動データベースシステム）は、電源が喪失し、ＥＲＳＳ（緊急時対策支援システム）が機能しなくなってもオフラインで使用できるシステムであり、事故の進展状況を予測し、支援情報を出すことができる有効なものとして多額の国費を投じて開発されたシステムです。このシステムは、チェルノブイリ事故以降、世界的に進んだ緊急時対策技術を日本にも導入する必要から、原子力発電技術機構（ＮＵＰＥＣ）がＥＲＳＳ開発の一環としてＰＢＳの開発に携わり、原子力安全基盤機構（ＪＮＥＳ）設立後は、その運用がＪＮＥＳに移管されていました。このシステムは原子力安全・保安院（現原子力規制委員会）、原子力安全基盤機構（現在は原子力規制委員会に吸収）、オフサイトセンターに設置され、常時確認できるものとなっていました。

このシステムが福島事故時には、住民避難や事故対応に全く生かされなかった経緯や要因については、各種の事故調査報告の中でも不問に付されています。3月11日夜には首相官邸にPBSのデータが届けられています。しかし、それがなぜ無視されたのか、東京電力もその存在を知りながら、なぜ、無視し続けたのか、原子炉事故対応上の位置づけはどのようになっているのか、住民被曝を拡大させないという原子力防災上の重要な位置づけを持つこのシステムを官民あげて無視したのはなぜか、検証しなければなりません。

福島原発事故の検証において、このシステムが全く生かされていなかった経緯と要因を解明することは、事故の検証、ならびにその内容を柏崎刈羽原子力発電所の安全性確保／防災に生かしていく上では欠かすことができません。そうした視点から、ここに、ERSS／PBSの機能と有用性、さらには福島原発事故時にこれが生かされなかった経緯を検証することを求めます。

3　原発事故による避難生活の現状と課題—新潟県における検証作業から

松井克浩

はじめに

福島第一原発事故から7年半以上が経過しましたが、福島県の内外で少なく見積もっても約4万5000人が依然として不自由な避難生活を強いられています。福島県の西隣に位置する新潟県には、事故直後には1万人近くが避難し、2018年6月の時点でも県内の多くの市町村で2500人あまりが避難を継続しています[※1]。

柏崎刈羽原発が立地する新潟県では、原発再稼働の問題を議論する前提として福島第一原発事故の検証が必要だという考えにもとづき、「3つの検証」体制を整えました。2003年に設置済みの技術委員会に加えて、健康・生活委員会および避難委員会を2017年9月に設置し、さらに2018年2月には3つの検証を総括する検証総括委員会もスタートしています。

その矢先に、検証を推進した米山知事の突然の辞任という出来事がありましたが、その後継者を決める知事選では有力2候補がともに「3つの検証」の継続を公約としており、多くの県民は検証の継続を支持したとみてよいでしょう。当選した花角知事も、「3つの検証」を引き継ぎ、検証結果が示されない限り原発再稼働の議論を始めることはできないという姿勢を堅持する、という見解をあらためて強調しました。[※2]

「3つの検証」のうち、原発事故が健康と生活に及ぼす影響の検証を目的とした健康・生活委員会は、健康分科会と生活分科会に分かれて検証作業を進めています。私は生活分科会を担当しており、2017年度は調査会社と研究機関に委託して避難生活にかかわる3本の調査（総合的調査および2つのテーマ別調査）を実施しました。[※3]本章では、これらの調査結果の概要を紹介するとともに、検証委員会の役割と課題について考察することにします。[※4]

1　避難生活の現状と課題

(1)　総合的調査から

避難生活の全体像の把握をめざす総合的調査は、自治体がもつデータ等にもとづく避難者数の推移の確認と避難者を対象としたアンケート調査による避難生活の状況の把握という2つの部分で構成されています。

まず避難者数の推移は、原発避難の実態を知るためにはもっとも基礎的なデータといえます。[※5]新潟県の集計によると、おおむねピークにあたる2012年6月時点での避難者は約16万4000人、うち原発から30㎞圏内市町村の避難者が約9万8000人（圏内市町村人口の約53％）、30㎞圏外市町村の避難者は約5万9000人（圏外市町村人口の約3％）でした。原発事故から6年半以上が経過した2017年10月時点でも、ピーク時のおよそ3分の1にあたる5万3000人ほどが避難を継続しています。

2017年3月末で、避難指示区域外からの避難者（いわゆる「自主避難」者）に対する仮設住宅の供与が終了しました。ほとんど賠償のない区域外避難者にとっては、ほぼ唯一の支援策でしたが、その終了により県外避難者の帰還は進んだのでしょうか。本調査の一環として新潟県が各都道府県に照会したところ、福島県への帰還は17％にとどまり、8割近い世帯は県外避難を継続しています。また避難指示区域の解除も順次進んでいますが、震災時人口に対する現在の居住人口の割合は2％～25％程度にとどまり、その構成も高齢者中心ということです。子育て世代の多くは、放射線による健康不安等の理由で帰還をためらっていることがうかがえます。

総合的調査では、新潟県内に現在居住している避難者世帯（945世帯）および新潟県内に避難し現在は福島県を含む他県に居住している世帯（229世帯）を対象として、アンケート調査を実施しました。[※6]その結果から浮かび上がる避難生活の状況は、およそ次の通りです。①平均世帯人数が避難前の3・30人から2・66人に減少し、避難の過程で家族が分散していることがうかがえます。②区域内避難者で「無職」が、区域外避難者で「非正規」が増加し、就業形態が変化（悪化）していることがうかがえます。[※7] ③平均世帯月収が、36・7万円から26・2万円へと約10万円減少しました。

避難者の意識という側面ではどうでしょうか。④賠償制度については、区域内避難者の約6割、区域外避難者の約7割が不満を感じています。⑤被ばくに関する不安意識としては、結婚、出産への差別・偏見（56・9％）、将来の健康への影響（54・3％）などの項目で不安が高くなっており、区域外避難者の方がより高い傾向があります。⑥避難による人間関係への影響に関しては、友人や地域とのつながり、交流の薄さを感じている人が7割を超え、こちらは区域内避難者の方が高くなっています。

今回のアンケートでは、中高生からも回答してもらいました。将来への不安に関しては、「進学・就職」への不安（37・4％）とともに、「自分の健康」（28・5％）・「結婚・出産」（21・1％）といった項目が選択されており、この2つは帰還者の方が避難継続者よりも20ポイント以上高い結果となっています。10代の若者が、自分の健康について不安を抱えていることに心が痛みます。

(2) テーマ別調査から

２０１７年度は、総合的調査に加えて２つのテーマ別調査を実施しました。一つ目が、獨協医科大学による「原発事故後の福島県内における生活再建の必要条件」です。この調査では、福島県内在住の人を中心に対象者を６つにグループ化してインタビューを実施していま す（福島県内28名、県外14名）。そのうち、避難指示解除による帰還者や区域外避難からの帰還者、避難指示区域外で居住を継続していた住民へのインタビューからは、帰還の促進により課題は解決せず、むしろ分断や課題の凝縮が起こっていることが指摘されています。

またとくに、区域外からの避難は個人の判断に任されたために、避難者は生活の全責任を負い、地元に残った人との意識の溝も深まっています。「避難の権利」が保障されていれば分断は避けられる可能性がある、という提言も重要でしょう。また、対象者からは賠償のあり方に対する不満も多く聞かれ、賠償以外の支援策の必要性も提起されています。原発事故被災者の「喪失」にどう向き合っていけるのかが課題となります。

テーマ別調査の二つ目は、宇都宮大学による「子育て世帯の避難生活に関する量的・質的調査」です。この調査は、とくにさまざまな困難を抱えていることが想定される子育て世帯に焦点を当てて、避難生活の状況を明らかにしようとしています。そのために、現在裁判が進められている原発避難者新潟訴訟の陳述書をもとに作成された量的データの分析が試みられています（原告209世帯分、うち区域外子育て世帯138世帯）。それに加えて、区域内・区域外避難、母子避難・世帯避難など多様な28世帯を対象とした個別の避難者ヒアリングも実施されました。

その結果、子育て世帯の避難者の多くが、子どもを初期被ばくさせてしまったことへの後悔を抱え、追加被ばくを避けるために避難を決断したこと、避難に際しては可能な限りの情報を入手して熟考し、合理的な判断を下していたことが浮かび上がってきました。また、避難が長期化する中で、仕事や生きがい、人間関係といった面で多くの犠牲を強いられ、経済的負担などの困難が継続していることも明らかにされています。こうした困難や犠牲に加えて、体調不良や精神的な不安定、ストレスや将来の健康面での不安も抱えています。ところが周囲からの様々な批判にさらされ、自責を伴う複雑な感情もあって、被害を口に出せないような雰囲気も強まっているようです。

そうした中で子育て世帯は、子どもを放射線被ばくから守りたいという一心で、子どもの健康を第一に考えて避難先に踏みとどまってきました。一方で経済的理由等により帰還を選択した世帯は、被ばくへの不安が継続し、また故郷から疎外される理不尽さも感じつつ生活しているということです。

⑶　現時点での総括

主として避難者を対象としたアンケートにもとづく総合的調査では、調査のとりまとめとして次のような総括を行っています。「総じて震災から6年半以上がたっても生活再建のめどがたたず、長引く避難生活に様々な『喪失』や『分断』が生じ、震災前の社会生活や人間関係などを取り戻すことが容易でないことがうかがいしれる[※8]」。自然災害の場合は、被害に応じてスピードの差こそあれ、時間の経過とともに回復や復興が進んでいくのが通例です。しかし今回の原発事故による避難生活の状況をみると、回復の困難さが目につく結果となっています。

テーマ別調査は、総合的調査では十分カバーしきれない福島県内在住者や子育て世帯に焦点化して実施されました。その結果をみて驚くのは、調査の対象者や切り口が異なっても、ほぼ同様の結論に至っているということです。いずれの調査でも、多くの原発事故被災者は喪失や分断、不安に苦しみ、生活再建や人間関係の回復を実現できないままです。被災者のどの類型でみても（県内・県外・在宅）、またどの側面でみても（家族、仕事・収入、心理、人間関係など）避難に伴う苦難が継続しています。被災者の損失・喪失の多様性と全面性、そして6年半経っても被害が回復されないところに、原発事故による被災の特徴があるといえるでしょう。

2 「生活への影響」をどう検証するか

(1) 今後の検証の課題

原発事故が被災者の生活に及ぼす影響の検証作業は、まだ始まったばかりです。さしあたりは収集された調査データの分析や、前述した2017年度の調査結果をふまえてそれを深めていく取り組みが必要になるでしょう。それに加えて、個人的にはたとえば次のような課題・論点が想定できると考えています。まず、避難にともなって「当たり前の暮らし」を支える共同性（近隣・親族その他のネットワーク）が解体している点に被害の共通の「根」が存在しているように思います。こうした共同性解体の実情を解明する必要があり、さらには、その回復が難しい理由の究明と回復可能性の探求が課題となります。[※9]

ついで、時間による解決の困難さについて考える必要があります。なぜ、6年半経っても回復の方向性が見えないのでしょうか。その要因の一つとしては、収束しない原発および放射性物質・廃棄物の存在が想定されます。また「賠償」の不十分さ（すなわち生活再建を支える形になっていない）が伴って、時間の経過とともにむしろ被害が拡大し、分断が深化しているといえます。こうした状況を念頭に置いて被害の経年変化を明らかにし、復興への時間軸と賠償・支援体制について再考することが必要でしょう。

さらには、深刻で回復の難しい被害が存在しているにもかかわらず、その被害が目に見えにくく、周囲に理解されにくいという現状があります。それが、被災者をさらに苦しめる要因となっているようです。周囲からの厳しいまなざしや曖昧な圧力もあって、当事者が被害を口にしづらくなっており、そのために避難者の孤立化、不可視化が一層進んでいます。とくに、さまざまな困難を抱えた避難者や一見普通に暮らしている福島での居住継続者の苦悩に焦点化し、可視化することも必要だと考えています。

(2)「自分ごと」として考える

今回の検証で何よりも重要なのは、原発事故による生活への影響というテーマを、私たち新潟県民一人ひとりが「自分ごと」として考えるための素材を提供することだと思います。いま福島第一原発事故で被災した福島の人びとに起こっていることを「他人ごと」で終わらせるのではなく、「もし同じことが新潟で起こったら」という想像力をもつことができるかどうか。そもそも人間には、自分の身に危機が迫っていても「自分だけは大丈夫」と思いたがる傾向があるようです（正常性バイアス）。

原発事故を「自分ごと」として考えるためには、データの羅列に終始するのではなく、検証結果をできるだけイメージしやすいように提示していく工夫が求められるでしょう。たとえば、前述したように総合的調査の避難者数の検証において、30㎞圏内外での避難者の割合が算出されています。これを新潟県内の市町村に置き換えると、柏崎刈羽原発からの距離に応じて各自治体からどのくらいの住民が避難することになるのかを予測することができます。また、家族構成や避難のパターンに応じて、生活上で起こりうる問題点やリスクをわかりやすく示すことも有効かもしれません。

現在住んでいる自治体に福島からの避難者がいても、関心やきっかけがないとなかなかその姿は見えてこないと思います。まして、「福島ではなく新潟で起こっていたことかもしれない」「彼らは私たちだったかもしれない」と想像をめぐらせることは、簡単ではないでしょう。新潟県民に自分の身に置き換えて考えてもらうためには、検証の内容とともにその結果の伝え方についても十分考えていく必要があります。

むすび

福島第一原発事故を受けて、政府・国会・東電・民間の4つの「事故調査委員会」が早い段階で立ち上げられ、検証作業を行いました。しかし、いずれの委員会も2012年に報告書を提出して以降は、活動が継続されていません。その後、あらたに事故をめぐるさまざまな事実が明るみに出ましたし、現在に至るまで多くの被災者は故郷を離れた避難生活を続けています。こうした現実を視野に入れた事故の全体像の検証がなされないまま、なし崩し的に物事が進んでいます。だからこそ、今回の新潟県による独自の検証には、重要な意義があるといえるでしょう。

みてきたように、今回の調査では、広域避難を続ける被災者の生活面における厳しい状況が示されています。2017年3月の区域外避難者に対する住宅支援の打ち切りが、それに追い打ちをかける形になりました。新潟県内の避難者を含む原発事故被災者は、依然として多様な喪失と不安に苦しみ、生活再建や人間関係の回復にはほど遠い状況にあります。

その一方で、こうした避難者の置かれた状況やその苦悩が周囲から理解されないという問題があります。早期に福島への帰還を促すことを軸とした避難終了政策が進み、被災という事実自体の忘却が進んでいるように思います。原発事故や避難を「すでに終わったこと」とみなす周囲と、生活の立て直しをはかれない避難者とのギャップは広がるばかりです。まわりの人びとから理解されていないと感じるがゆえに（差別や偏見のまなざしを向けられることさえあるがゆえに）、被害を口に出すことを避け、場合によっては避難者であることを隠して生活するケースも少なくありません。そのために、なお一層、被災者・避難者の不可視化が進んでゆきます。

原発事故が人びとの生活にもたらす影響を検証する作業においては、こうした側面を含む避難生活の実態を可視化し、解明していく必要があります。故郷を離れた避難を強いられ、仕事や人間関係を失い、自分の選択や将来への不安を抱え、しかもそれを周囲から理解されない―私には、すでに「理不尽」としか言いようのない事態だと思われますが―について、時間の経過にもとづく変化も視野に入れつつ、一つひとつデータを積み上げて明らかにしていくことが責務だと考えています。

ひとたび原発事故が起こると、その影響を受ける住民の暮らしはどうなるのか。それについてあくまでも「事実」に即した検証を進めることが求められています。それにより、知事や県民が柏崎刈羽原発の再稼働について判断する材料を提供するとともに、現に私たちの隣で被災に苦しんでいる人びとを理解し、寄り添うことにもつながることを願っています。この二つのことは、じつはとても深く密接に関連しているはずですから。

注

1 原発事故による新潟県への避難について書かれた主な文献としては、下記のものがあります。髙橋若菜編『原発避難と創発的支援―活かされた中越の災害対応経験』本の泉社、2016年。松井克浩『故郷喪失と再生への時間―新潟県への原発避難と支援の社会学』東信堂、2017年。

2 新潟県議会における所信表明演説（2018年6月27日）。

3 生活分科会は、座長を務める松井の他、除本理史氏（大阪市立大学・環境経済学）、丹波史紀氏（立命館大学・社会福祉）、松田曜子氏（長岡技術科学大学・防災学）により構成されています。なお、各調査の報告書は、新潟県ホームページで公表されています。調査結果の詳細については、こちらを参照して下さい（http://www.pref.niigata.lg.jp/shinsaifukkoushien/1356877762498.html）。

4　なお、本章はいうまでもなく検証委員会の公式な見解ではなく、筆者個人の責任でとりまとめたものです。

5　ところが復興庁が公表しているデータでは、県外避難者について、避難先の都道府県が「それぞれ独自の集計方法でまとめて報告している」ため、相当数の把握もれが想定されます（関西学院大学復興制度研究所、他編『原発避難白書』人文書院、２０１５年、31頁）。また、避難指示区域内外それぞれの避難者を示すデータもそろっていません。

6　調査対象である合計１１７４世帯に、世帯主用・世帯主以外の大人用・中高生用の3種類の調査票を送付し、回収率は県内世帯が39・３％、県外世帯が38・０％でした。調査時期は、２０１７年10月13日〜同年11月10日です。

7　区域外避難者の「無職」の増加については、避難前の自営業・農業等の職業継続ができなくなったこととともに、年齢層の影響もあると考えられます。

8　『福島第一原発事故による避難生活に関する総合的調査報告書』新潟県、２０１８年、70頁。

9　除本理史氏が提起する「ふるさとの喪失」という問題とも重なります。除本理史『公害から福島を考える―地域の再生をめざして』岩波書店、２０１６年、ほか。

4　原子力災害がもたらした避難生活の実態

丹波史紀

はじめに

東日本大震災およびその後の東京電力福島第一原子力発電所事故（以下福島第一原発事故）にともなう原子力災害から私たちは何を学ぶべきでしょうか。震災から7年という月日は短くもありませんが決して長くもありません。原子力災害という歴史的インパクトを与えたこの災害から教訓をどう導き出すかが問われています。

東日本大震災およびその後の原子力災害は、将来起こりえるかもしれない大規模災害においても大事な課題を与えています。とりわけ震災後停止されていた全国各地の原子力発電所は再稼働の動きが活発化し、一部再稼働が行われました。福島第一原発事故後の「新基準」に基づいて検証される原子力規制委員会は、もっぱら原子力発電所の技術的側面に限られ、万が一事故が発生した際の「避難計画」が自治体の権限であるとし、それを検証していません。今回の福島第一原発事故にともなう原子力災害は、自治体丸ごと広域的に避難を余儀なくされ、避難作業や住民へのサポートなど一自治体の対応することには限界があることを示しました。東日本大震災および原子力災害以降に、政府や国会などにおいて、検証委員会が設けられ事故調査報告書などが出されました。しかし、その後原子力政策を推進してきた責任のある政府が、こうした報告書に基づいて、避難計画や健康および避難生活の検証と今後の計画を策定するという姿勢はみられません。

新潟県では、東京電力柏崎刈羽原子力発電所の原子力規制委員会に基づく新基準適合審査をうけ、新潟県民の安全を担保する上で、「福島第一原発事故の原因の徹底的な検証」、「原発事故が私たちの健康と生活に及ぼす影響の徹底的な検証」、そして、「万一原発事故が起こった場合の安全な避難方法の徹底的な検証」の3つの検証を行うとし、独自に検証委員会を設置しました。このうち、「原発事故が私たちの健康と生活に及ぼす影響の徹底的な検証」を主題とする検証委員会を設置し、その中に「健康」と「生活」の二つの分科会が設けられました。この分科会は、「福島第一原発事故による避難生活を取り巻く状況を調査・分析し、避難生活の全体像の実態を明らかにすること」を目的に、復興庁や既存調査などを検証するとともに、新潟県内に避難者、もしくはかつて避難していた者を対象としたアンケート調査を新たに実施しました。この一連の検証作業によってまとめられた調査報告書が、2018年3月に出されました。

同調査報告書は、「避難指示区域内外において一部相違が認められるものの、総じて震災から6年半以上がたっても生活再建のめどがたたず、長引く避難生活に様々な『喪失』や『分断』が生じ、震災前の社会生活や人間関係などを取り戻すことが容易でない」と結論づけました。[※1] 震災から6年以上（報告書当時）経過しても生活再建のめどがたてられず、就労・住居・家庭などをはじめ震災前の社会生活や人間関係の多くを「喪失」し「分断」された状態にあると評価したのです。現在も続くその被害は、原子力災害がいかに人びとの暮らしを変化させ、震災前の状態に戻すことが難しいかを物語っています。原子力災害は、原子力発電所内の事故にとどまらず、広範囲に環境・社会・生活や健康へ影響をもたらします。その点で新潟県の検証作業は、事故を起こした福島第一原発の技術的検証にとどまらず、その後の健康や避難生活にまで検証対象にした点は重要です。

原子力災害にともなう被害の影響は、現在「進行形」とも言え、中長期にわたる被害状況の検証を必要としています。その点で本稿は、震災から7年半をふまえた「現時点」での避難生活の現状を現したに過ぎないことをお断りしておきます。その検証は、さらに中長期にわたって検証することが必要で、かつ政府あるいは当時県である福島県の本格的な検証が期待されます。

本稿は、福島第一原発事故にともなう原子力災害によって引き起こされた住民の暮らしへの影響を確認することを目的とし、事故の技術的な側面だけでなく、被害を受けた人びとの命や暮らしの被害・影響を検証することをねらいとしています。

1　避難指示解除の進む被災地ふくしま

2011年3月に起こった東日本大震災とそれに続く福島第一原発事故にともなう原子力災害は、人・社会・環境に大きな影響をもたらしました。原子力災害は、一度事故が起こるとその甚大な影響によって、人・社会・環境に大きな変化をもたらし、それは「不可逆的」な影響をもたらします。その回復は容易ではないことを「ふくしま」の現状が物語っています。

被災地ふくしまの変化

震災から7年半を経て、福島県の被災地は大きく変化しています。①2017年3月末を境にして、一部帰還困難区域を除いて、相双地域の避難指示区域が大きく見直されたこと、②2017年3月末の福島県外に避難する区域外（自主）避難者に対する災害救助法に基づく住宅提供が終了したこと、③相双地域において、中間貯蔵施設の建設が本格化し復旧事業が本格化したこと、④さらに帰還困難区域においても「復興拠点」の整備などハード事業が展開され始めたこと、などが最近の特徴と言えます。特に避難指示解除が多数の地域でされたことは大きな変化です。

　これまでは①帰還困難区域、②居住制限区域、③避難指示解除準備区域と大きく三区分され、そこでは住民の立ち入りが大きく制限され、たとえ立ち入ることができても、その活動は大きく制約されていました。これに対し、政府は２０１５年６月12日に「原子力災害からのふくしま復興の加速に向けて（福島復興指針）」の改訂版を閣議決定しました。これを元に示された政府の避難指示解除の要件は、①「空間線量率で推定された年間積算線量が20ミリシーベルト以下になることが確実であること」、②「電気、ガス、上下水道、主要交通網、通信など日常生活に必須なインフラや医療・介護・郵便などの生活サービスが概ね復旧すること、子どもの生活環境を中心とする除染作業が十分に進捗すること」、③「県、市町村、住民との十分な協議」でした。これに基づき、政府は避難指示を受けている自治体との調整を行い、各地で住民懇談会を開くなど、「避難指示解除」にむけた合意形成をはかろうとしました。既に避難指示を解除済みの田村市（２０１４年４月）、楢葉町（２０１５年９月）、葛尾村（２０１６年６月（一部））、川内村（２０１４年10月・２０１６年６月）、南相馬市（２０１６年７月（一部））に加え、浪江町（２０１７年３月（一部））、川俣町（２０１７年３月）、飯舘村（２０１７年３月（一部））、富岡町（２０１７年４月（一部））が解除され、その対象住民は約３万２千人に及びます（**図４－１**参照）。

図4－1　避難指示区域のイメージ（2017年4月1日時点）

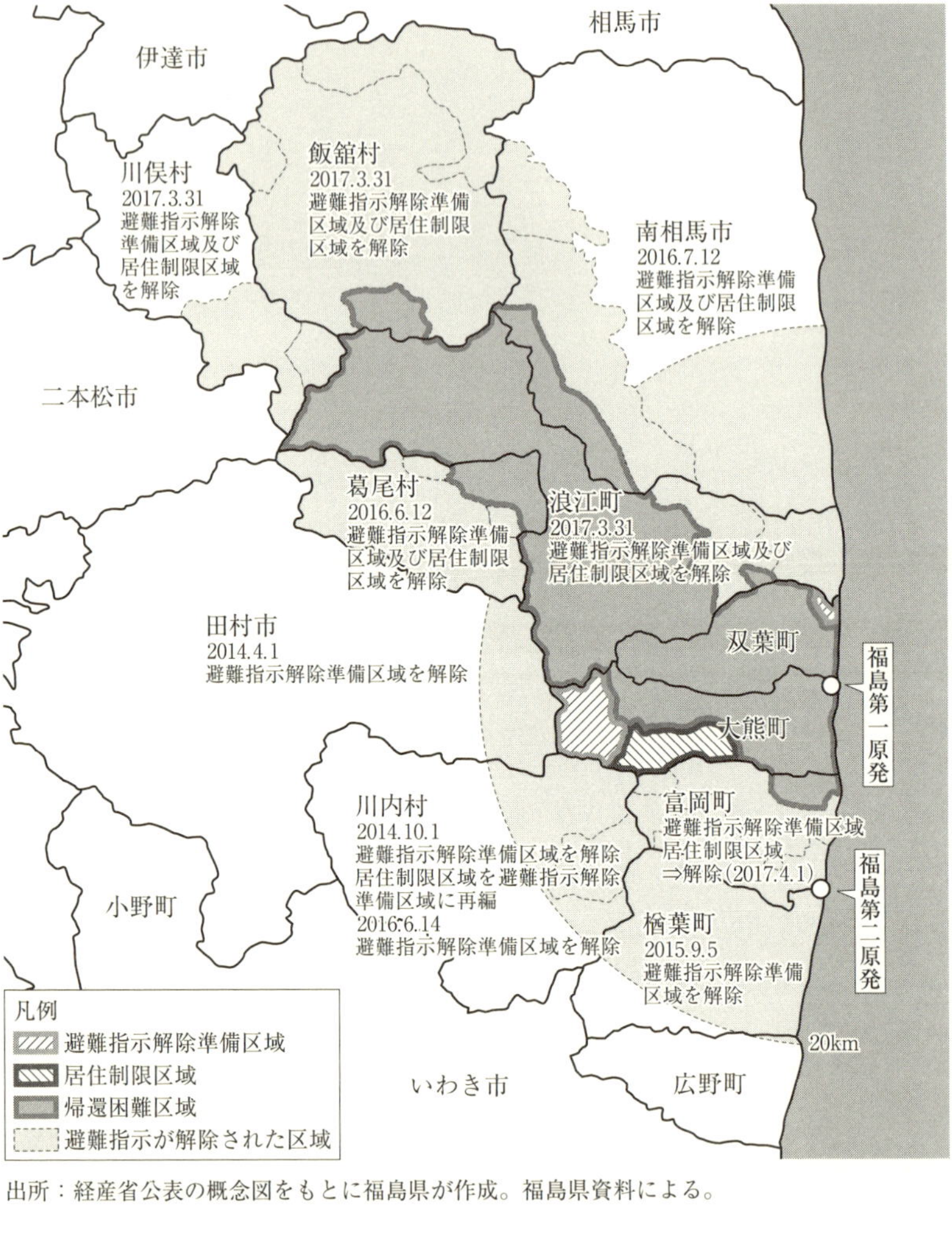

出所：経産省公表の概念図をもとに福島県が作成。福島県資料による。

現在の被災地の状況をみると、復興庁の定めた5年間の「復興集中期間」が終了し、「復興・創生期間」にあるとされます。被災地ふくしまの地域状況をみると、震災から再生しようとする新しい動きも様々な形で現れ、自治体の取り組みや住民や非営利組織による積極的な活動も生まれています。これまで避難指示が出され、生活インフラの復旧工事すらできなかった地域において、ようやくがれき撤去や復旧事業による生活インフラ・港湾や道路・公共交通機関の復旧などもみられます。こうしたハード面を中心とした復旧作業の進捗は、福島県においても確実に進んでいます。

被災者の生活再建の実態

一方で、遅れがちなのが被災者の生活再建です。災害時における被災者の生活再建の大事な課題の一つである「住まい」については、２０１８年８月31日現在、応急仮設住宅１２３１人（７８１世帯）、借上住宅（みなし仮設住宅）６９６２人（３６７５人）、公営住宅（応急仮設住宅扱い）76人（29世帯）と福島県内だけでも８２６９人（４４８５世帯）の人びとが、いわば「仮の住まい」を今も余儀なくされています。[※3] 全国に避難する避難者全体は、いまも約５万８千人にのぼり、全国47都道府県、１０１８の市区町村に避難しています。このうち福島県からは３万３４０４人（２０１８年８月31日現在）が自県（福島県）外で避難生活を余儀なくされているのです。[※4]

いまも被災者の方々の生活再建は途上にあると言えます。ハード面での進捗が進む一方で、被災者の仕事・住まい・健康などの生活再建といったソフト面での進捗は必ずしも十分進んでいるとは言えません。復興の進捗を図る指標は、ハード面ばかりが注目されがちですが、被災者の生活再建がどれだけ進んだかと言った視点が欠かせません。復興の評価軸が問われているとも言えるのです。

ちなみに、災害時における生活再建は何を評価軸とすべきかという論点があります。もちろん、「住まい」や「仕事」が大事な構成要素ですが、これまで十分具体的な議論がされてきませんでした。これに対し、１９９５年の阪神・淡路大震災の神戸市の「震災復興総括・検証研究会」の生活再建部会は、市民参加に基づくワークショップの積み重ねやパネル調査などによる経年的な調査研究によって「生活再建7要素モデル」を示しました。※5 そのモデルとは、とかく建物・地域経済などの復旧・復興の割合でそれを表そうとするマクロな指標ではなく、被災者の認識を元にしたミクロ的な指標によって「生活復興感」という被災者の実感にもとづく復興の指標を示そうとしたものです。その調査の結果、生活再建には、①すまい、②つながり、③まち、④そなえ、⑤こころとからだ、⑥くらしむき、⑦行政とのかかわり、という7要素に構成されるというものです。被災者の生活をベースにその「実感」を指標化した点において重要な研究の一つです。

被災地の実情に鑑み、現場で判断してきた自治体

さて、急速に変化する被災地の動きをみると、拙速な「帰還政策中心」と批判する向きもありますが、現実はそれほど簡単ではありません。被災自治体の多くは、避難指示解除の要件が十分に住民の安心を培うものであるのかどうかを見極めながら慎重に対応してきたのが実態です。例えば、川内村は２０１２年にいち早く帰還を進めてきた自治体ですが、一部村内に避難指示区域を有し、その解除時期をめぐって慎重に対応しました。村は独自に避難指示解除の検証委員会を設け、安全・安心な放射線量、除染の進捗、生活インフラなどの生活環境の改善といった観点から検証しました。その際、環境省が行っている空間放射線量の計測は住宅地においても三ヵ所に限られているため、村独自に計測を行い国の基準以上に詳細な空間放射線量の計測を行いました。こうした住民目線の取り組みが、実際の村独自の計測によって、一部線量が高くなる住宅も存在することを明らかにし、除染の「フォローアップ除染」といった追加除染を要望する根拠にもなっていきました。

さらに、合意形成という点で国は拙速に進めようとする避難指示解除に対し、自治体が毅然として対応した例もありました。富岡町は当初政府から「２０１７年1月解除案」が提示されましたが、政府の拙速な避難指示解除方針に町も「時期尚早」として受け入れを拒否しました。その後、政府は２０１７年3月31日解除の方針を伝えましたが、町役場と町議会全

員協議会は2017年4月1日の解除で合意することになりました。ここには、住民の参画に基づき策定された町の復興計画において、当時の町長が「5年は帰還をしない」という宣言をしたこともあり、住民との「公約」を守り、その解除時期を決めたことが背景にあります。このように被災自治体では、国の避難指示解除方針を鵜呑みにして対応してきたかと言えば、そうではなく被災地の実情に鑑み、地域住民の声を大事にしながら慎重に判断してきたのが実情です。

2　調査にみる避難生活の実態

多くの地域において避難指示が解除されたとしても、避難指示解除＝生活再建が果たされた、というわけではありません。国の示した「避難指示解除の三要件」をたとえ満たしたとしても、現実の生活場面では帰還するための条件がそもそもまだ整っていない場合が少なくないのです。

筆者らが中心となってとり組んだ福島第一原発周辺の自治体である双葉郡を対象にして行った第2回双葉郡住民実態調査は、双葉郡の広野町を除く7町村（浪江町・楢葉町・富岡町・双葉町・大熊町・川内村・葛尾村）の住民を対象にした悉皆調査です。発送数2万6582票、回答のあったのは回収数1万81票（回収率37・9％）です。[※6] そこには震災から数年経っ

図4－2　第2回調査：震災時の住居の状況：地域別（2017年2月）

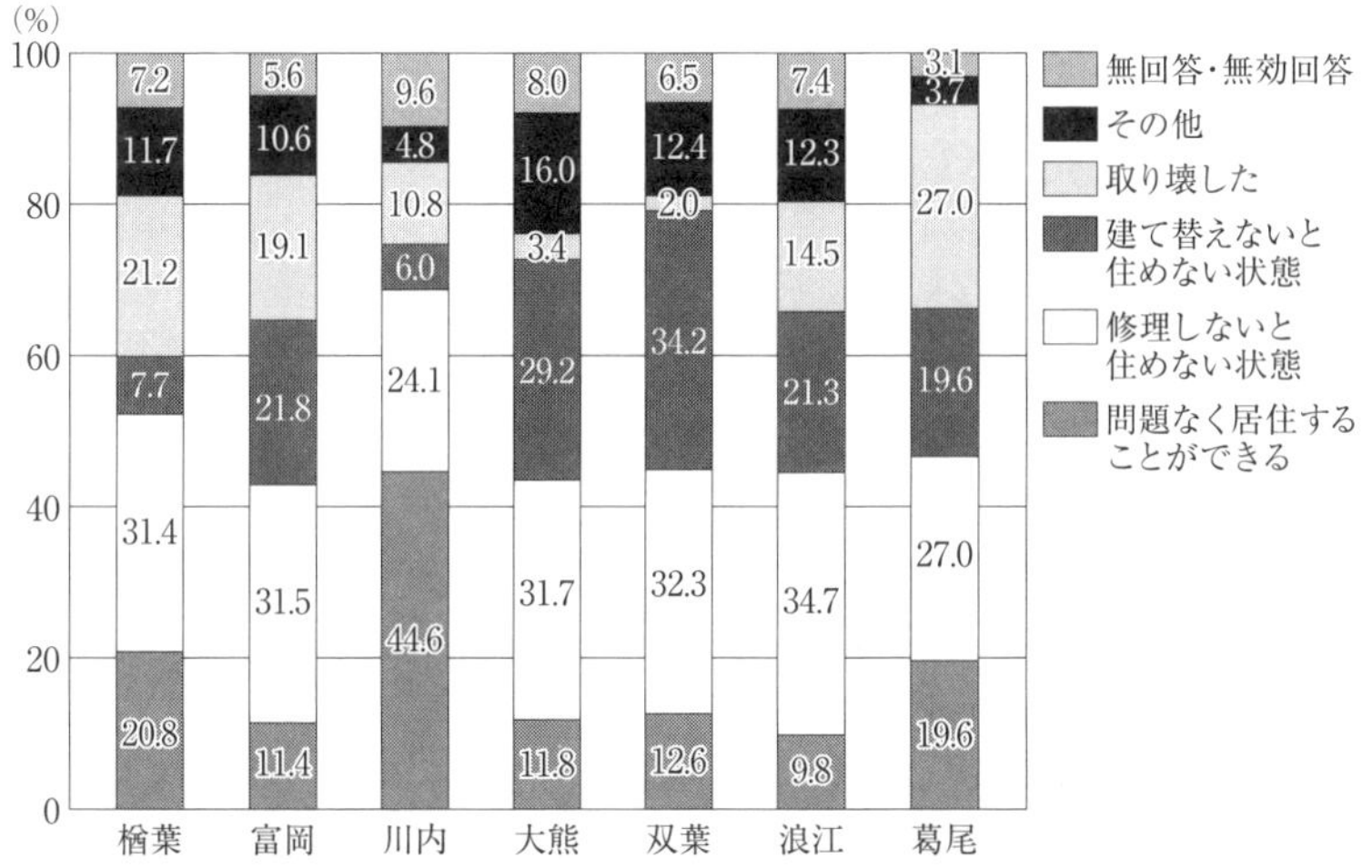

資料：福島大学うつくしまふくしま未来支援センター「第2回双葉郡住民実態調査調査報告書」（2018）より。

ても生活再建がままならない現状、自らの苦悩や憤りを表に現せない被災者の心情が浮かびあがっていました。

住民の住まいの実態

図4－2は、前述の第2回双葉郡住民実態調査における現在の住まいの状況です。これをみると震災から数年が経過しているために、「問題なく居住することができる」とする世帯は多くなく、むしろ「修理しないと住めない状態」や「建て替えないと住めない状態」が5～6割を占めている状況にあります。

一方で、現在の被災者の「住まい」についても尋ねました。現在の住居についての調査結果では、「購入・再建した持ち家（集合住宅含）」が、双葉町で57・4％、大熊町で55・4％、浪江町で46・8％、富岡町で46・6％と

図４－３　第２回双葉郡調査：現在の住居：地域別（2017年２月）

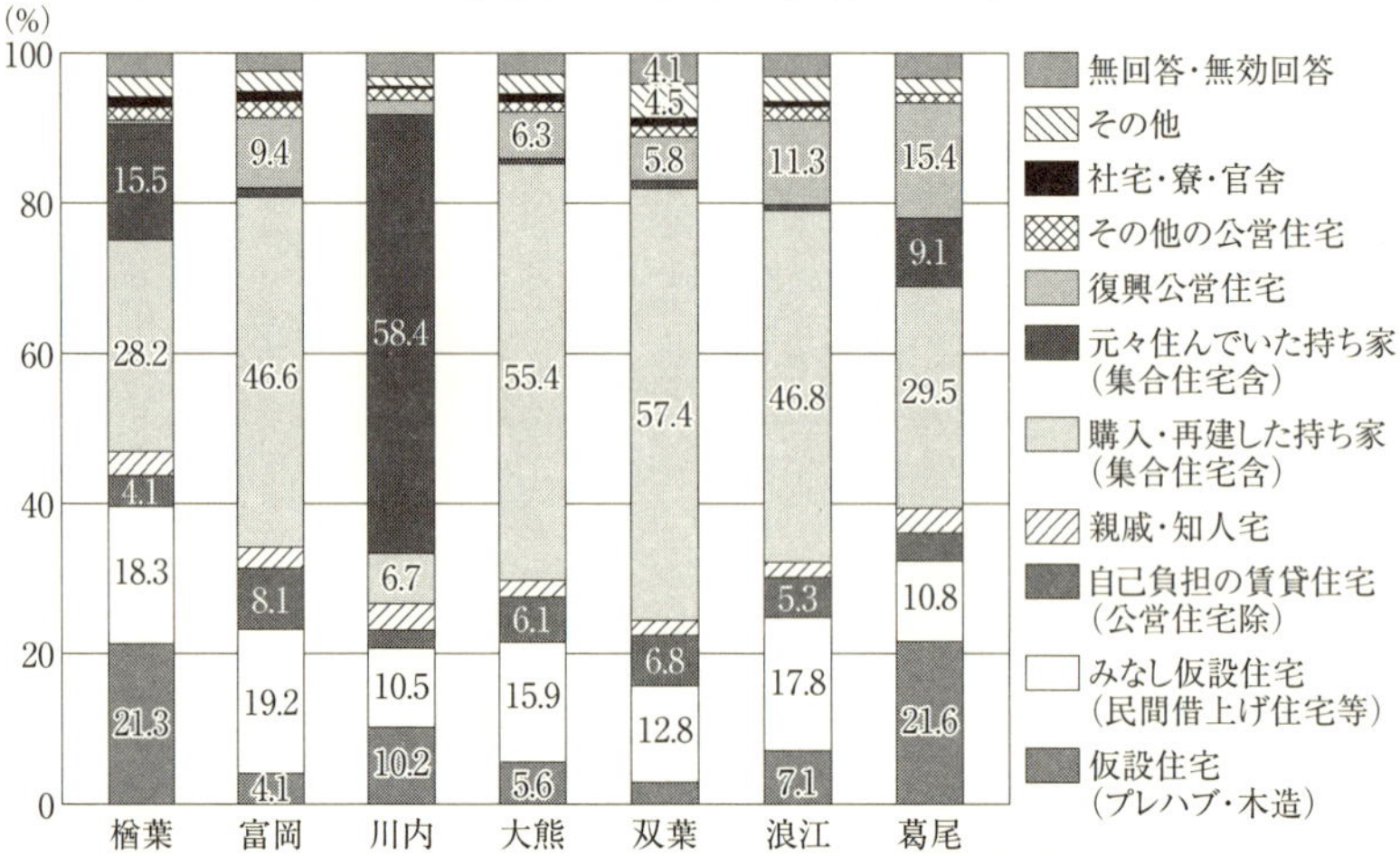

資料：福島大学うつくしまふくしま未来支援センター「第２回双葉郡住民実態調査調査報告書」（2018）より。

なっています。帰還困難区域を含む自治体の多くが、避難生活が長く進み避難先で新たに持ち家を購入する者が半数前後を占めていました（図４－３参照）。ちなみに同調査は、調査時期を２０１７年２月から３月にかけて実施したものです。そのため、上記の浪江町・富岡町は避難指示解除がまだされておらず、「購入・再建した持ち家（集合住宅含）」はふるさとではなく避難先で購入したものと考えられます。このように、長引く避難生活のために避難先で住宅を購入するなどして「定着」が進んでいる実態も浮かびあがります。

しごとの実態

生活再建の重要な要素には、「住まい」とともに、「しごと」も大事な要素です。前述の第２回双葉郡住民実態調査では、震災前後の

「しごと」の変化について聞いています。その結果、震災後生産年齢人口（15歳から64歳）でも31・9％の者が「無職」の状態でありました。これは震災前のそれ（10・3％）と比較すると、3倍になっており、決して少なくない数と言えます。65歳以上になるとさらに深刻で、震災前44・1％であったものが、震災後は76・0％にまで上昇しています。

自由記述において、30代の男性は以下のように答えていました。

「震災後、県外避難を点々としてその都度転職を繰り返してきた。生活の拠点を山形に決め家を建てたが自分に合う職場が見つからず収入の面が不安定の状態。現在は、賠償金で生活は出来ているが今後の事を考えると資金振りに不安を感じる。」（30代男性）

震災時の「しごと」を失い、多くの人たちが震災から数年を経ても「しごと」の再建に結びつけていない実態が浮かびあがります。特に生産年齢人口の約3割が無職のままであることは大きな課題です（**図4－4参照**）。

2017年2月に行った第2回双葉郡住民実態調査では、寄せられた回答の自由記述の多さに際だちました。※7 その数4320票。約1万票の回答数からすれば、実に4割以上が自由記述を書いていることになります。特にその内容で特徴的だったのは、日常の場面ではなかなか語られない被災者の方々の内面的な苦悩、震災から6年以上が過ぎても見通しの立たな

図４－４　第２回双葉郡調査：震災前後の職業：生産年齢内外（2017 年２月）

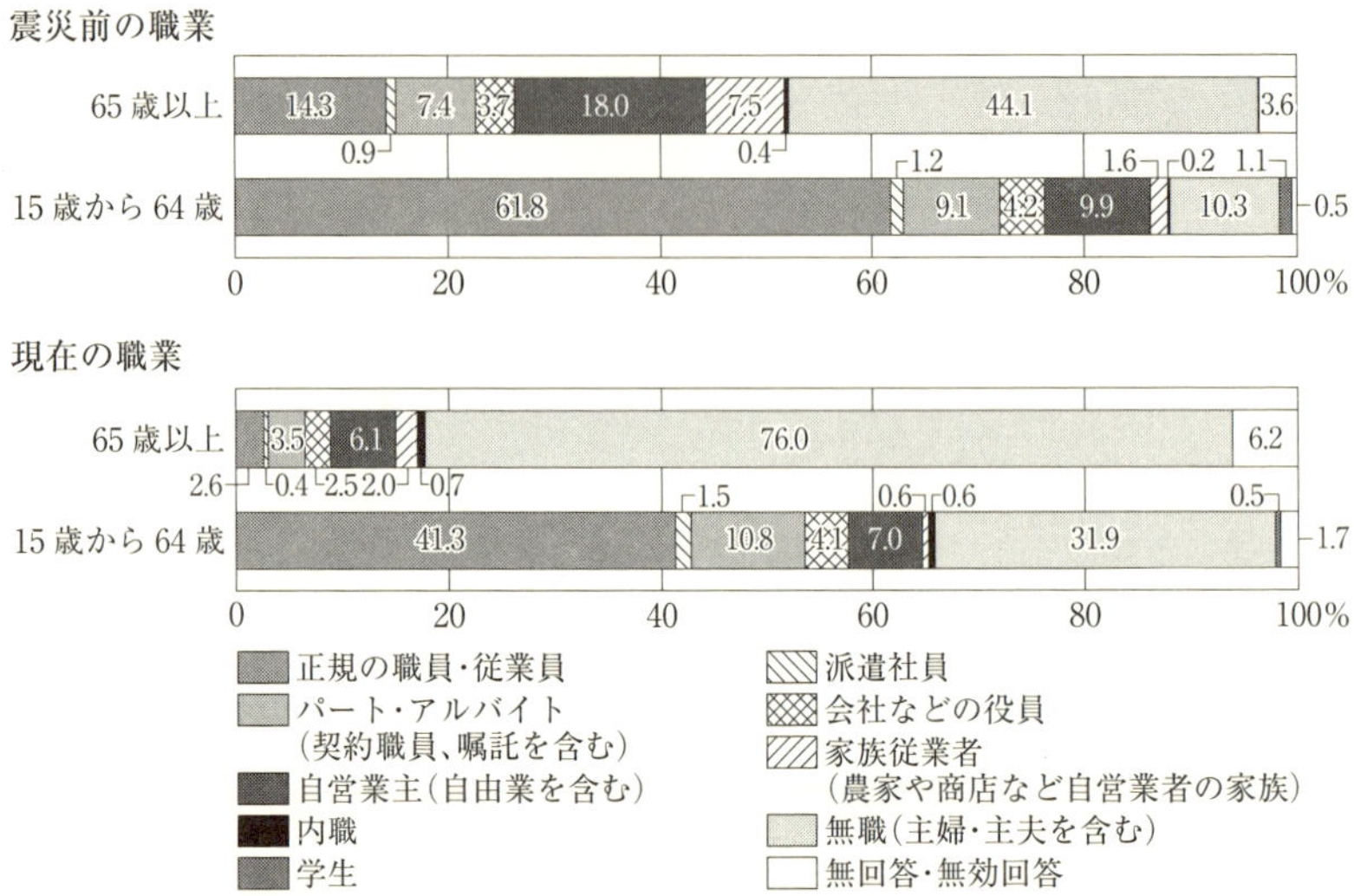

資料：福島大学うつくしまふくしま未来支援センター「第２回双葉郡住民実態調査調査報告書」（2018）より。

い避難生活に生活再建のめどもつけられない事による「いらだち」、避難先でもなじめずにいる様子、将来の不安など、実に様々でした。その一端を紹介します。

「約6年間を振り返り…浪江町がこんなにも荒れ果ててしまってとてもがっかりしました。やっぱり浪江町には帰れないと思いました。再建しようと頑張っている方々には申し訳ないと思いますが…。本当に悔しい思いでいっぱいです。住みやすい浪江町、山あり、海あり、川あり、いいところです。本当に悔しいです!!」（60代男性）

「自分の子供を亡くしてしまった苦しみがある。この事故がなければ避難さえなければ息子は確実に生きていました。離れて生活したばかりに、死なせてしまった様なものです。双葉郡で穏やかな生活が続いていれば、何も変わらなかったのにと思うと残念でなりません。せっかくあの震災で助かった命なのに。家族がバラバラに生活したがためにこんな事になってしまいました。平穏な生活をこわし、奪った原発事故は天災か？人災か？」（50代女性）

そこには、原発事故によって奪われた生活・人生・家族・地域など根こそぎ自らの存在そのものを否定しかねない事故の影響に対する憤りでした。日常生活の場面ではあまり語られることのない被災者の「本音」が現れており、その一つひとつがどれも苦渋に満ちていました。

3　原子力災害の影響による二次的被害

帰還者の伸び悩み―そこにある避難と帰還の「荒波」

避難生活を終え、ふるさとに戻った住民も多くいますが、その全てがハッピーというわけではなく、ふるさとでの生活再建が十分でない者もいます。住民が帰還さえすれば「問題」は解消されるといった単純なことでは決してありません。前述の第2回双葉郡住民実態調査の自由記述にもそんな声があふれていました。

「避難直後から、ふるさとでの生活はなし。この間父は、いわき市で死。母は、病院、デーサービスの日々。ふるさとのライフラインが、震災前であれば十分生活させられたのに、思うとつらい。特にふるさとのことはいわず、たんたんと生活している母の姿を見るたび、くやしさがこみあげる。また、賠償についても市町村等で、格差があることもかなしい。仕事は、復旧復興に少しでも役立ちたいと思っているが、震災後起業した会社は、いろんな意味できびしく、不安に感じている。」（60代男性）

「家族で自営業をしていた。今は孫、息子達は遠くに避難して、今は老人2人家族。店も壊して何も無く、これから先が不安。国民年金暮らしはいつまで続けることができるか、心配です。」（60代女性）

震災前の暮らしを取りもどすことは容易ではなく、震災により世帯分離が進み、生活環境が変化したことによる新たな対応も余儀なくされ、震災による避難と帰還の「荒波」に翻弄されている様子がうかがえます。

図4－5は、南相馬市の震災当時の2011年3月末と2018年8月末での人口分布です。震災から7年が経過した事による高齢化の進捗がみられますが、概ね65歳以上の高齢者層は震災当時と同じ人口規模にまで回復していることが確認できます。一方で回復が震災当時にまで追いついていないのは、15歳から64歳までの生産年齢人口であり、特に子育て期にあたる30代の回復が遅れています。震災当時の2011年3月時点を100とした場合、2018年8月現在で男性は71、女性は62の人口規模であり、とりわけて女性の人口回復が伸び悩んでいることがうかがえます。ここには、子どもを持つ子育て世帯、とりわけて女性とその子どもの「帰還」が十分ではない傾向がうかがえます。

こうした人口分布の変化は、地域社会への影響をもたらしています。例えば、南相馬市の

図4－5　南相馬市の人口分布

	2011年3月	2018年8月
生産年齢人口（15～64歳）	42,673人	33,954人
高齢化率	25.9％	34.4％

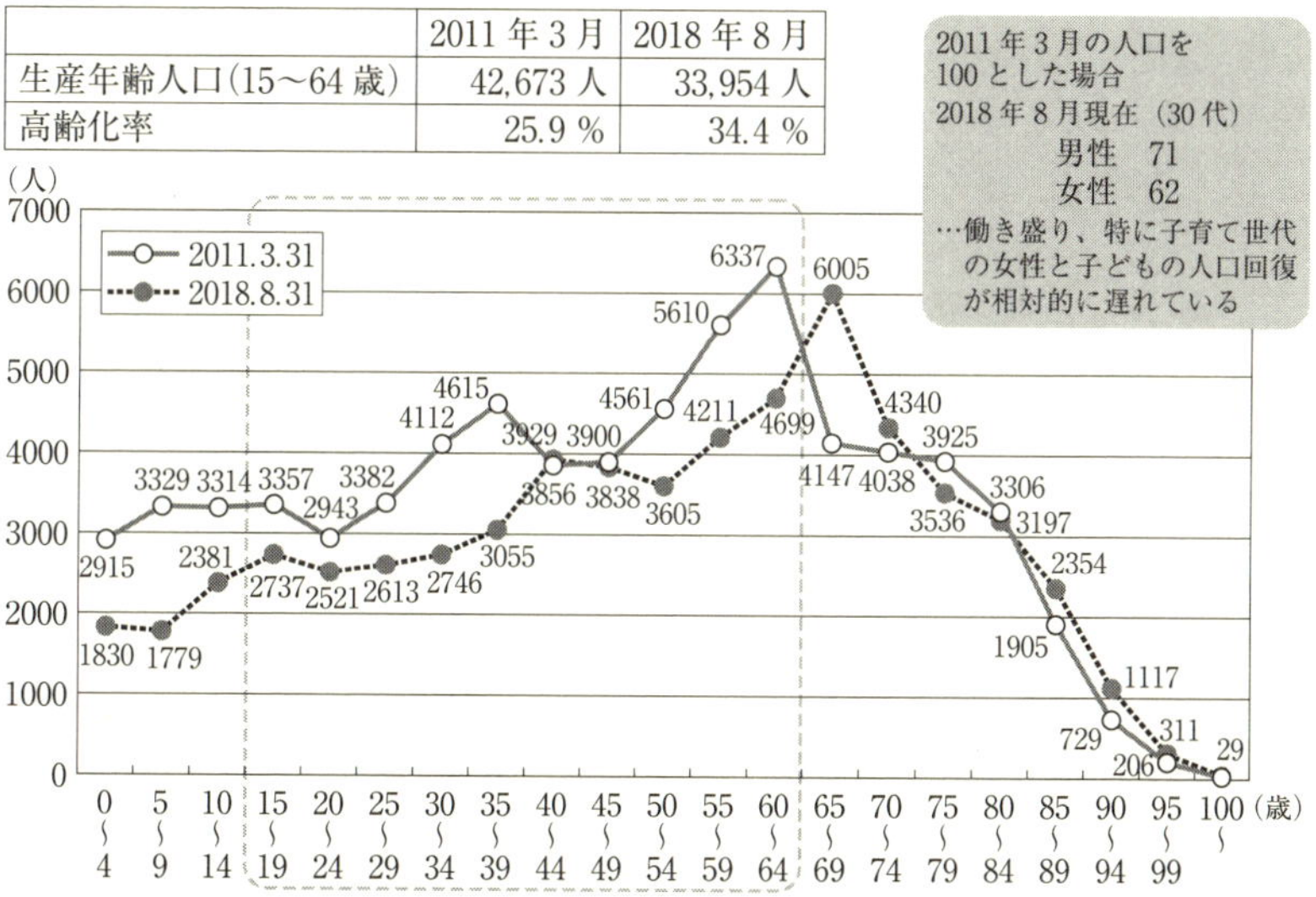

資料：南相馬市総務部情報政策課のデータに基づいて筆者作成。

高齢化率は、震災当時は25・9%でしたが、2018年8月現在は34・4%と10ポイント近く上昇しています。また、働き盛りのとりわけ女性の人口が回復していないことにより、これまで地域経済を支えてきた医療・介護・福祉やパートタイムなどによるサービス業の人材確保が困難となっています。

被災地では、高齢者が中心となって帰還していることは事実ですが、実態を詳細にみると必ずしもそうとも言い切れないのが実情です。除本らは、被災地における原子力災害がもたらした「不均等な復興」について被災地の調査をもとに論じています。※8 人口回復が7、8割とされ「復興のフロントランナー」と呼ばれる川内村でさえ、帰還者の中心は50歳代後半以降であるものの、90歳代前半になると帰還する者よりも避難者の方が多いことを指摘しています。それは、「川内村へ戻っている人の典型的なイメージは、比較的高齢で、村に仕事があり、あるいはすでにリタイアしていて、健康の心配があまりなく、自分で車を運転できる人」（同書14頁）という実態なのです。震災により家族離散が進み、これまで村で維持してきた親族扶養も期待できず、ケアを要する要介護者や要支援者は、高齢者であったとしても避難先にとどまらざるを得ないのが現状です。現実的には自立した高齢者を中心に帰還しているのであって、必ずしも高齢者が一律に帰還しているわけではないのが現実です。それは他の避難指示が解除された地域も同様です。以下は、同調査の自由記述の一つです。

「震災後1～2年は古里に帰るつもりでおりましたが、古里に帰る度に荒廃していく様子を見ると、だんだんと戻るのは無理と思ってきました。又、子供達が孫のことを考えて戻らないと決めると、親としても年老いていくし、古里に戻っても、生活に不安になり結局は避難先に家を持って少しでも不安のない生活を求めて、戻らないことにし、時々古里に戻って気分転換を図りたいと思います。近隣の方々は、避難者であることを判っており、従来のような、付き合いはないです。」（70代男性）

自らはふるさとに戻りたいと思っていても、震災によって世帯分離が進み、自らの希望だけでは実際に地域での暮らしが成り立つかどうか不安なために、帰還を迷ったり、あきらめたりしている高齢者もいるのです。

それは若い世代も同様です。自らの仕事や子どもの学校など、避難先での生活に一定の定着が進んでいれば、すぐに帰還をするという選択になるとは限りません。それは単に「望郷の思い」が強い弱いということではなく、自らの人生設計と重ね合わせながら慎重に判断していると言えます。

復興の進捗を評価する際、現時点での住民の「帰還率」を取りあげ、その多寡で評価し、「まだ○％しか帰ってきていない」などと言いがちです。しかし、5年以上経過した地域は通常一定の住民の死亡等の自然減や住民の入出をするのが通例で、２０１１年3月のままの人口規模を維持しているというのは現実的ではありません。現実の被災地をみても、現状の居住人口の一定部分は震災後仕事や何らかの事情で移動・転入してきた者もいます。さらには福島県では高校卒業時に県外に進学・就職する者が6～7割と高く、こうした若年層の流出は元々の人口移動の傾向とされてきました。こうしたことをふまえると、被災地でどれだけの人口が居住しているかだけをもって評価することは現実と即さず正しくありません。被災者とされる住民が「生活の質」を維持・回復しながら地域（避難元とは限らず）での暮らしを築けているか（生活再建）という視点が重要なのです。

急増する要介護度と介護保険財政

高齢者層を中心にしたふるさとでの生活の再開は、地域の構造を大きく変えることになりました。その一つが高齢化の進展です。

中山間地域での暮らしは、元々相対的に高齢化率が高い状況にありましたが、一方で山の暮らしや田畑を耕す生活、あるいは三世代以上の家族で生活する状況は、高齢者の健康を維持し高齢化率が高くても暮らしが成り立ち、健康を維持している状況にもありました。しかし原子力災害による長期避難は、人びとの生活を変え世帯分離の進行と暮らしの変化によって、高齢者の健康にも大きな影響をもたらしました。

図4－6は被災自治体の介護保険制度における保険料額です。前回改定時からみても大きく上昇していることがうかがえます。長期避難の状態は、家族の世帯分離をすすめ、これまでの暮らしを一変させました。これまでは家族や地域の扶養等によってかろうじて自立的な生活を送っていた多くの高齢者が、避難先での仮設住宅などの慣れない生活によって要介護

図4－6　2018年度の介護保険料（福島県）

高い市町村	基準月額保険料	上　昇　率
①　葛　尾　村	9800円	30.7%up
②　双　葉　町	8976円	19.2%up
③　大　熊　町	8500円	13.3%up
④　浪　江　町	8400円	20.0%up
⑤　飯　舘　村	8397円	3.7%up
福島県平均	6061円	8.4%up

原子力災害によって被災市町村の介護保険料が急増。2015年度に上昇した保険料は、今回の改訂でさらにupした。現在、介護保険料および医療保険料の減免の措置がとられているが、制度が無くなった後の介護保険財政に懸念。

度を高め、通所や訪問などの介護サービスを利用しているのです。

いのちへの影響

原子力災害の被害の特徴の一つに、福島県における震災関連死（災害関連死）の突出した多さがあります。**図4－7**は、東日本大震災における被災三県の災害関連死の数です。三県を比べると、福島県の多さが際立ちます。ちなみに福島県の直接死は１６０５人（２０１８年1月15日現在）ですので、直接死よりも震災関連死が多いことが分かります。宮城県や岩手県が直接死に対し震災関連死がおよそ一割程度という状況を考えますと、福島県の震災関連死の多さがさらに際立ちます。それを時系列でみると、その特徴がさらにわかります。**図4－8**は、被災三県の災害関連死を時系列にしたものですが、宮城県と岩手県は震災からおよそ半年の間に震災関連死が集中していることがわかります。しかし福島県の場合、震災から半年以上すぎても震災関連死が増え、一、二年という月日を経ても震災関連死が後を絶たないことが読み取れます。

図4－7　東日本大震災における震災関連死

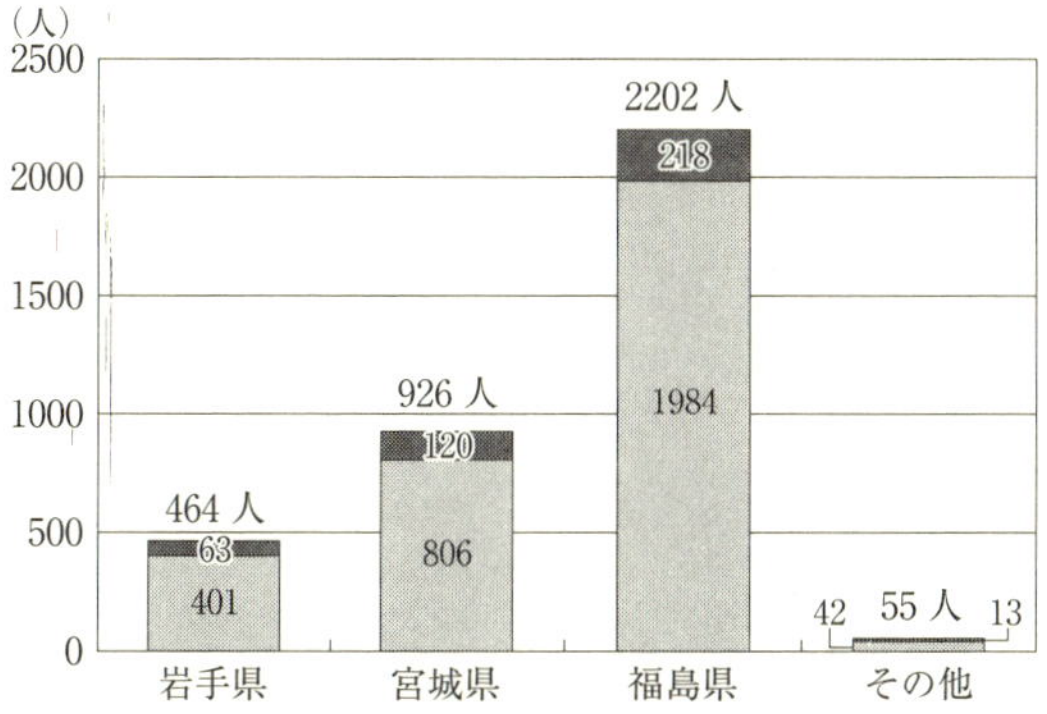

出所：復興庁「東日本大震災における震災関連死の死者数」（2017年9月30日現在）

図4－8　震災関連死（時系列）

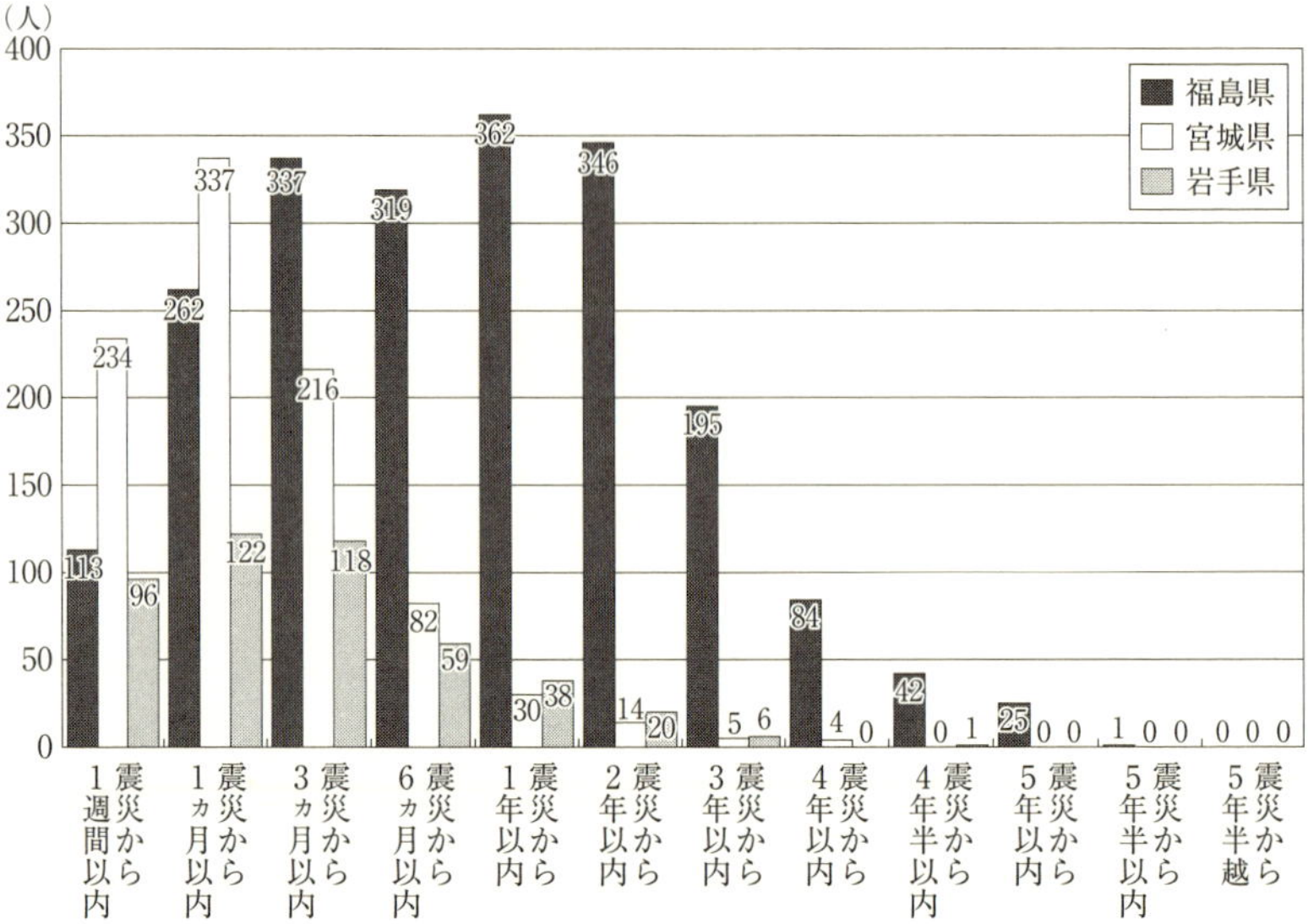

出所：復興庁「東日本大震災における震災関連死の死者数」（2017年1月16日）

ちなみに震災関連死は災害弔慰金等の支給にも関わり、市町村が審査委員会を設けこれを認定しています[※9]。これまでの災害における震災関連死は、新潟県中越地震の際のいわゆる「長岡基準」が参考にされる場合が少なくありません。それは、死亡までの経過期間を基準とするというものです[※10]。東日本大震災においても、厚生労働省は各都道府県の災害弔慰金事務担当者向けに「事務連絡」として、この「長岡基準」を参考に情報提供しました[※11]。しかし、東日本大震災ではこの基準を見直さざるを得ませんでした。なお日弁連は、震災関連死を「長岡基準」のような死亡時期で判断することは、「極めて限定的」であるとしてその見直しを求め、

国に認定基準の策定を提言しています。[※12]

東日本大震災、特に福島県では原発事故というこれまで経験したことのない大規模災害から、震災関連死について6ヵ月を超えても認定する状況となっています。このように、東日本大震災と原子力災害では、被害の甚大さとともに、それが進行形で拡大していることが震災関連死だけをみても読み取れます。

おわりに

原子力災害は、人びとの暮らしを大きく変え、その被害は決して軽微なものではありません。数万・数十万人の人びとの暮らしに被害をもたらし、家族も地域もバラバラになりました。そこからの生活再建も容易ではなく、多くの者が今も生活再建の途上にありました。さらに二次的被害も拡大させ、原子力災害が長期にわたり人びとのいのちと暮らしに影響をもたらし続けていました。そこには、原子力災害の被害実態を過小評価せず、環境・社会・人という総合的・包括的な被害実態の把握を必要としています。

災害は、時として被災した者の「尊厳」（dignity）を損ないます。これまで地域社会における暮らし、社会人・仕事人としての役割、あるいは家庭生活や家族の中での役割など、本人の培ってきたものの多くを奪っていきます。それは個人だけではなく、「地域」も同じように「尊厳」を失うこともあります。自然や生活の豊かさ、地域ブランドなど、地域の社会的価値をも毀損するのです。

前述の調査の結果などは、原子力災害によって、その多くの「尊厳」が奪われ、苦悩している言葉と実態が溢れていました。その被害を被った「当事者」の声を抜きにして、原子力発電を含むエネルギー政策の議論は語ることができないことを、ふくしまの今が物語っています。

注

1 『福島第一原発事故による避難生活に関する総合的調査　調査報告書』(２０１８年3月)。

2 ただし、双葉町・大熊町は居住制限区域・避難指示解除準備区域を含む全町において今も避難指示が続く。

3 数値は、福島県資料による https://www.pref.fukushima.lg.jp/uploaded/life/375213_918291_misc.pdf。

4 数値は、復興庁資料による http://www.reconstruction.go.jp/topics/main-cat2/sub-cat2-1/20180831_hinansha.pdf。

5 田村圭子・林春男・立木茂雄・木村玲欧「阪神・淡路大震災からの生活再建7要素モデルの検証―２００１年京大防災研復興調査報告」地域安全学会論文集、No.3, pp.33-40, 2001や、木村玲欧・田村圭子・井ノ口宗成・林春男・浦田康幸「災害からの被災者行動・生活再建過程の一般化の試み―阪神・淡路大震災、中越地震、中越沖地震復興調査結果討究」地域安全学会論文集、No.13, 2010などを参照。

6 詳細は、福島大学うつくしまふくしま未来支援センター「第2回双葉郡住民実態調査調査報告書」(２０１

8）を参照されたい。
7　第2回双葉郡住民実態調査は、双葉郡の広野町を除く7町村（浪江町・楢葉町・富岡町・双葉町・大熊町・川内村・葛尾村）の住民を対象にした悉皆調査である。発送数2万6582票、回答のあったのは回収数1万81票（回収率37・9％）であった。詳細は、福島大学うつくしまふくしま未来支援センター「第2回双葉郡住民実態調査中間報告書」（2017）。
8　除本理史・渡辺淑彦編著（2015）『原発災害はなぜ不均等な復興をもたらすのか―福島事故から「人間の復興」、地域再生へ』ミネルヴァ書房を参照。
9　市町村から委託を受け、都道府県に災害弔慰金支給審査委員会に設置する場合もある。
10　「長岡基準」では、死亡時期を一つの目安にし、①震災後1週間以内の死亡は震災関連死と推定、②1ヵ月以内の死亡は震災関連死の可能性が高い、③1ヵ月以上経過した場合は震災関連死の可能性が低い、④死亡まで6ヵ月以上経過した場合は震災関連死ではないと推定、とする時期で区分している。
11　厚生労働省社会・援護局災害救助・救援対策室による事務連絡「災害関連死に対する災害弔慰金等の対応（情報提供）」（2011年4月30日付）。
12　日本弁護士連合会総会決議「東日本大震災・福島第一原子力発電所事故の被災者・被害者の基本的人権を回復し、脱原発の実現を目指す宣言」（2014年5月30日）を参照。

5　避難計画をめぐって

佐々木寛

1　避難計画の位置づけ

元来、核兵器に使用される爆発的な核エネルギーを発電に応用しようとする原子力発電所は、その運用にあたって幾重もの安全対策（多重防護）が必要になります。国際原子力機関（ＩＡＥＡ）の基準では、発電所内の4層にわたる防護対策に加え、万一この4層までもが決壊し、発電所の外側に放射性物質が漏れ出すような事態になっても、その影響を極小化し、住民が安全に避難できる対策を講じる、いわゆる「第5層」の事故防止策が必要だとされています。実効性のある避難計画の整備は、この多層的な原子力防災の最後の砦《とりで》であるとも言えます。

通常、世界の原子力発電所は、居住地域から比較的に離れたところに建設されていますが、日本の場合、福島第一原発事故に見られるように居住地のごく近くに設置されている場合が多く、万一の深刻な事故の場合、その影響がすぐに、きわめて多くの人々を巻き込む可能性があります。したがって避難計画も当然、さらにそのぶん困難をともなうものになります。また、7基の原子炉をもつ世界最大級の東京電力柏崎刈羽原発に代表されるように、1ヵ所に複数のサイトが集中しているケースが多数みられ、被害が予想以上に拡大することも想定しておく必要があります。

避難計画は、法律に基づき、自然災害についてはすでに各自治体が整備を進めていますが、原子力災害は放射性物質をはじめとするさらに人為的な要素が加わるため、自然災害よりもはるかに多くの要素を考慮に入れた計画が必要になります。原子力災害の防護措置については、東海村JCO臨界事故を契機に制定された「原子力災害特別措置法（原災法）」（1999年施行）に基づき、原子力規制委員会が示している具体例な指針（原子力災害対策指針）がすでに存在していますが、これまで人類はスリーマイルやチェルノブイリ、フクシマなどの複数の過酷事故を経験したものの、原子力災害についての経験を十分に積んでいるとはいえず、現行の措置だけですべて事足りるというわけではけっしてありません。

2　福島原発事故の避難実態がなげかけたもの

しかし、避難計画をつくるためには、過去の経験を参考にするしかありません。日本ではまず、2011年の東日本大震災にともなう東京電力福島第一原子力発電所の過酷事故を参考にする必要があります。この福島原発事故からは、汲めど尽きせぬ教訓が得られます。

まず、そもそも「避難」とは何でしょうか。原子力災害が起こり、やむをえず避難を余儀なくされた人たちにとって、どこからどこまでが「避難」だといえるのか。たとえば自宅から避難場所に移動するまでが「避難」であるという考え方がありえますが、避難所を転々とする、あるいは避難生活が何年も長期化する、などということは福島でも多く見られた事実です。また、避難が長期化した場合、その避難先の生活環境によっては健康を害する、あるいは時には命を失ってしまう人もでてきます。残存放射性物質の問題で未だに自分の故郷に帰れない人たちも、何万といらっしゃいます。避難計画を設計する際に、この「どこまでを『避難』とするのか」という問題は、住民の立場に立てば、とても本質的な問題です。

また、福島のケースで改めて明らかになったのは、避難において〈情報〉の果たす役割がきわめて重要であるということです。電力事業者であった東京電力は、そもそも現場の事態の把握にずいぶんと手間取りました。特に、炉心融解（メルトダウン）のような本当に深刻な事態について、長期間それを精確に把握できなかったばかりか、事実が明らかになった後もそれを隠蔽しました。このように、たとえば事業者自体の存続にとって都合の悪い事実が明らかになった場合でも、本当にその情報が確実に広報されるのかという構造的な問題もあります。

また次に、事故の情報がどのように自治体や住民に伝わるのか、という問題もあります。情報の質やわかりやすさ、それから具体的に誰がどのように情報を届けるのか、という問題です。福島では、いたる所（レベル）で情報の遅延や遮断が起こり、自治体関係者や住民の多くは、混乱の最中、ごく限られた情報の中で自分の判断で行動せざるを得ませんでした。中には、放射性物質が多く含まれた雲（プルーム）の流れる方向に避難をし、重い被ばくをしてしまった人たちも大勢いました。「スピーディ」（ＳＰＥＥＤＩ：緊急時迅速放射能影響予測ネットワークシステム）という放射性物質拡散の予測プログラムはあったものの、実際は避難に有効に活用されることはありませんでした。そもそも原発が電源喪失に陥ったため、どの程度の量の放射性物質が放出されたのかも当初はわかりませんでした。

混乱の中では、デマや誤った情報も飛び交うので、住民が混乱をきたすことなく冷静に避難できる確実な情報の提供や流れをつくっておく必要があります。また、事故が起こる前の、原子力災害に関する学習や情報提供、あるいは避難訓練もとても大切であることがわかりました。福島では、原発の過酷事故は、そもそも起こりえない（「想定外」の）ことだと喧伝されていたために、特に初動の対応が遅れてしまったという反省があります。

さらに「フクシマ後」は、それまでの対策区域や避難区域の範囲についての考え方も変更を迫られました。「フクシマ以前」は、原子力災害に備えた重点区域の範囲は原発から８～10

㎞圏とされていましたが、「フクシマ後」は、国際基準にも照らし合わせ、原子力規制委員会の指針によって約30ｋｍ圏にまで拡大されました。また、ＩＡＥＡの国際基準によって、原発で事故が発生し緊急事態となった場合に、放射性物質が放出される前の段階から予防的に避難等を開始する、原発から0～5㎞圏内の「ＰＡＺ」（Precautionary Action Zone：予防的防護措置を準備する区域）と、屋内退避などの防護措置を行う5～30㎞圏内の「ＵＰＺ」（Urgent Protective action planning Zone：緊急防護措置を準備する区域）を設けるようになりました。

しかし、よく考えてみれば、たとえば原子炉の冷却機能が喪失するような、いわゆる「全面緊急事態」に陥った場合に、ＰＡＺの住民が一斉に避難をする中で、そのごく近くでそれを観ているＵＰＺの住民のみなさんがじっと屋内退避をすることが実際には可能でしょうか。また、ＵＰＺの住民のみなさんがすべからく放射性物質を免れるような堅牢な施設に退避できるのかどうかも疑問です。避難区域の定義がどんなに事前に周知されていても、非常事態における自主的な判断による避難（シャドウ・エヴァキュエーション）が連鎖的に発生することも想定しておかなければなりません。またさらに福島原発事故を鑑みた場合、ＵＰＺのさらに外側のエリアにも本当は何らかの防護措置が必要であることも明らかです。

また、災害弱者や幼児や妊婦など（「要配慮者」）を災害時にどのように扱うのか、という問題も浮上します。これら時に他者の手助けが必要な人たちの扱いを、居住地域だけで一律に決めるわけにはいきません。そしてまた、そのような災害弱者や住民の救助に携わる人たちの安全の問題もあります。避難を手伝うバスの運転手さんや介護施設の職員さん、市役所や町役場の公務員のみなさん、いずれも原子力災害においてどこまで手を貸す義務があるのか、難しい問題です。この問題を考えると、原子力災害の避難時に人はどこまで被ばくが許容されるのか、という根源的な問題も浮かび上がります。

このように、情報伝達をめぐる問題、避難区域をめぐる問題、対応要員をめぐる問題などに加え、さらには「複合災害」や「連続災害」についての問題も考えなければなりません。福島県や宮城県の沿岸部では、大地震の後に巨大津波が襲ってきました。また続いて火災もいたるところで発生しました。大地震では、主要道路が寸断されることもめずらしくありません。大雪ではさらに身動きが取れなくなり、大雨が降れば、地滑りなどの可能性も高まります。避難計画をもし本当に「実効性あるもの」とするのであれば、こういった災害時の複合的要因を前提にしなければならないでしょう。

3　自治体は避難計画をどう考えていくべきか

避難計画の策定は、自治体の仕事とされています。また、災害時に「避難勧告」や「避難指示」を出すのも市町村長です。したがって、住民の安全を守る上で、自治体の役割はきわめて大きいといえます。私はかつて、研究者仲間と『地方自治体の安全保障』（明石書店、2010年）という本を出版しましたが、それは、「安全保障」というこれまでは専ら政府が担う仕事であると思われてきた課題が、地方自治体にもすぐれて求められる時代が来ているのではないか、という問題提起でもありました。グローバル化が進み、「戦争と平和」という枠組みより、「リスクと安全」というテーマがより表面化するようになりました。世界を見渡しても、敵国が軍事的な脅威をもたらす、そしてそれに対抗してあくまでも自国の軍隊が安全保障上の主役であり続ける、という思考だけでは、広義の「安全保障」を語れなくなりました。私たちにとって真の脅威は、むしろ国境を横断する非軍事的なリスクである場合が多くなっています。地域を根こそぎ破壊する原発の過酷事故はその典型的な事例です。実際、福島原発事故は、運が悪ければ日本の行政や経済機能そのものの根幹を停止させてしまう可能性もありました。

住民がどのようにしたら現代の多様なリスクを回避し安全でいられるのかについて真剣に考えることは、今日、自治体行政の最重要の課題となっています。特に原発立地自治体は、基本的に私企業の営利活動である発電事業によって住民が深刻なリスクにさらされないよう、細心の注意を払う責務があるといえます。原発立地自治体による避難計画策定の良し悪しは、当該自治体行政の本質や能力を試すリトマス紙であるということもできます。

したがって、既存の法的枠組みや前例をただ踏襲し、形だけの避難計画を策定するようであってはなりません。自治体は自らの地域的な現実に照らし合わせて、もし政府の指針や既存の規定が不十分であれば、それを正すほどの積極的な姿勢が必要です。避難計画の策定においても、基本的な原則になるのは、「補完性（subsidiarity）の原則」です。住民や地域にもっとも近いコミュニティや基礎自治体が、それぞれの地域的条件や事情に応じてある程度自立的に避難計画を立案し、それを補完する形でより広域の自治体が計画を拡充していくというボトムアップのやり方です。現行の避難計画の策定過程はどちらかといえばトップダウンの形になりがちですが、「実効性ある」避難計画のためには、個々の地域の事情に即したきめの細かい配慮が逐次計画に反映される必要があります。

避難計画は、実際には自治体だけでなく、通常、学校や病院、福祉施設などの個々の地域組織にも策定が義務づけられています。しかし現状では、それら末端の避難計画の策定状況はバラバラで、しかも自治体の避難計画との有機的な連携が確立されているとはいえません。また、都道府県と市町村との間の連携についても課題は残ったままです。避難計画は、地域の現場から基礎自治体を経て広域自治体、あるいは政府レベルへと重層的な構造をもっており、それらが齟齬をきたすことなく機能する必要があります。それゆえ各自治体は、各地域の住民が参加した避難訓練等を通じて、地域の実情に即した実質的に機能する避難計画を、全体の計画や指針との調整を図りつつ策定する努力が求められています。

4　新潟県原発検証委員会への期待

福島第一原発事故の検証については、事故直後、「国会事故調」、「政府事故調」、「民間事故調」などいくつかの包括的な成果が世に出ましたが、近年そのような試みはほとんど見られなくなりました。新潟県の原発検証委員会は、２０１６年に米山隆一知事が誕生し、県政の最重要課題のひとつとして設立されましたが、原発立地自治体が自前の予算でこれほどの包括的な検証作業を試みるのは、おそらく日本で初めてのことだと思います。残念ながら米山知事はその後間もなく辞任してしまいましたが、その後の花角英世新知事もこの検証委員会を継続させることを公約にしました。世界最大級の原発をかかえる新潟県にとって、福島原発事故を徹底的に検証し、実効性ある避難計画の可能性を探ることは、もはや「県是」ともいえるものになっています。

検証委員会は、直接的には県知事が柏崎刈羽原発の再稼働の是非を判断する際の材料を提供するための委員会ですが、その検討内容は他の原発立地自治体、あるいは国境を越えた同様の地域にとっても先駆的な意味をもっています。世界にも発信すべく、検証結果は今のところ英文でも公表されることにもなっています。検証委員会は、福島第一原発の事故原因の検証を行う「新潟県原子力発電所の安全管理に関する技術委員会」、原発事故が健康と生活に及ぼす影響の検証を行う「新潟県原子力発電所事故による健康と生活への影響に関する検証委員会」、万一原発事故が起こった場合の安全な避難方法の検証を行う「新潟県原子力災害時の避難方法に関する検証委員会」の3つの委員会と、それらの議論を総括する「新潟県原子力発電所事故に関する検証総括委員会」から成り立っていますが、一自治体が原発検証のためのこれほど徹底した体制を備えていること自体に歴史的な意義があると言えるかもしれません。多分野にわたる多くの専門家が協働してひとつの応用的課題に取り組む、「トランスディシプリナリティ（超学性）」という学問的な意味でも画期的な試みだと言えます。

私が所属する「避難委員会」の文脈で、国際的、歴史的な意義をもつという意味では、原子力災害における「事故想定」の問題をあげることができると思います。原発が自然災害で暴走する場合と、たとえばテロやミサイル攻撃などの人為的な理由で破壊される場合とでは、その後の避難の初動に大きな違いが出てきます。国際的には、原発の安全を考える場合にこのような事故想定を踏まえることはいわば「常識」ですが、新潟県でも可能な限り、広範囲のさまざまな事故想定に基づいて避難のシミュレーションをしておく必要があると思います。

検証委員会は、もちろん何らかの結論を出すことは大事ですが、それよりも検証の過程でどのような争点が議論されたのか、という点がより重要だと思っています。世界や後の世代に向けて、原発に関して現段階で可能な限り包括的な議論を尽くすことが、当該委員会の歴史的使命であると思います。

原発立地自治体が県民の総力をあげて「熟議」を尽くす。そのためには、県内外の専門家の議論を単に公開するだけでなく、議論の過程そのものに県民が関心をもって参加することもきわめて重要です。それはとても手間がかかる作業ですが、新潟県が日本や世界に大きな貢献をすることができる貴重なチャンスでもあると思います。

6　柏崎刈羽原発をめぐる原子力安全協定とその法的性質

石崎誠也

はじめに

原子力発電所が設置されている区域を有するすべての自治体（道県と市町村）が原子力設置事業者と安全確保に関する協定を締結しています（これらの名称は様々ですが、本稿では「原子力安全協定」または「安全協定」と称します）。また、設置市町村だけでなく隣接自治体も協定の当事者となることがありました（浜岡原発など）。さらに最近では、２０１２年に原子力規制委員会が制定した「原子力災害対策指針」が原子炉施設から概ね30㎞以内を「緊急防護措置を準備する区域（ＵＰＺ）」としたことから、京都府など原発設置地点から周辺30㎞以内に所在する自治体との安全協定を締結する事例も増えています（参考文献①35頁以下参照）。

ところで、このような原子力安全協定については、現在においても、その現実的機能を評価しつつもその法的拘束力を否定する見解が少なくありません（参考文献⑤１５４頁は「紳士協定である」とし、参考文献⑧6頁は「法的規制ではない」と書いています）。筆者は、原子力安全協定には法的拘束力が認められると考えるものですが、その点は、後に論じたいと思います（参考文献②第5章の拙稿及び参考文献③も参照されたい）。

1　新潟県における原子力安全協定の概要と経緯

⑴　新潟県・柏崎市・刈羽村と東京電力との安全協定

新潟県に先行する安全協定

原子力安全協定は福島第一原発で福島県が１９６９年（昭和44年）に最初に締結しており、その後、１９７１年に茨城県、福井県及び静岡県で締結され、さらに１９７２年に佐賀県と島根県、１９７６年に愛媛県、そして１９７８年に宮城県で締結されています。柏崎刈羽原発に関する安全協定はそれに次ぐものです。

柏崎刈羽原発に関する安全協定の締結

柏崎刈羽原発に関する安全協定は、１９８３年（昭和58年）10月28日に「東京電力株式会社柏崎刈羽原子力発電所周辺地域の安全確保に関する協定書」として締結されました。協定の当事者は、新潟県（協定では「甲」と称されています）、柏崎市と刈羽村（同じく「乙」）及び東京電力株式会社（同じく「丙」）です。同原発1号炉の設置許可が１９７７年、建設工事の着工が1978年で、運転開始が1985年ですので、運転開始の少し前に締結されたことになります（参考文献⑥36頁で、菅原慎悦氏は「すべての原子力発電所に関して、着工から運転開始までの間に安全協定が締結されることが通例となった」と書いています）。最初の協定書は15箇条からなるものでしたが（当初の協定は、新潟県商工労働部商工企画課（当時）発行の『原子力情報』No.50、1983年11月25日で閲覧することができます）、その後8回の改正を経て、現在に至っています。

柏崎刈羽原発安全協定の内容

現在の協定書は19箇条からなっており、その項目は次の通りです。

関係諸法令の遵守（1条）、情報公開（2条）、計画等に対する事前了解（3条）、通報連絡（4条）、取組状況等の報告（5条）、環境放射線の測定等（6条）、原子力発電所周辺環境監視評価会議の設置（7条）、測定結果の公表（8条）、技術連絡会議の設置（9条）、立入調査等（10条）、状況確認等（11条）、原子力発電所の安全管理に関する技術委員会の設置（12条）、立入調査等を行う者等の選任（13条）、適切な措置の要求（14条）、発電所トラブル等内部情報受付窓口の設置（15条）、損害の補償（16条）、協力の要請（17条）、協定の改定（18条）、その他（19条）

また、この基本協定の附属協定として、「東京電力株式会社柏崎刈羽原子力発電所周辺地域の安全確保に関する協定の運用について」と称する了解事項を確認した文書及びそれに基づく「原子力発電所に関する通報連絡要綱」等が策定されています。

この安全協定が定める事項はいずれも重要なものですが、その内容をいくつか見ていきたいと思います。

事前了解に関する規定

第3条（計画等に対する事前了解）は、東京電力が「原子力発電施設及びこれと関連する施設等の新増設をしようとするとき又は変更をしようとするときは、事前に」新潟県並びに柏崎市及び刈羽村の了解を得るものとするとしています。原発再稼働につき、柏崎刈羽原発は原子力規制委員会の「安全確認」がなされていますが、新潟県は3つの検証を行うこととし（この基本姿勢は現知事も否定していません）、住民の安全が確認されるまでは運転再開の了解はしないとしています。この第3条の規定はこの事前了解に関する規定の根拠となるものであり、きわめて重要な意味を持つ規定であると考えます。

立入調査及び運転再開時の事前協議に関する規定

立入調査については、第10条1項が次のように規定しています（括弧内は筆者）。

「甲（新潟県）又は乙（柏崎市・刈羽村）は、次に掲げる場合は、丙（東京電力）に対し報告を求め、又は発電所への立入調査を行うことができるものとする。

(1) 発電所周辺の環境放射線及び温排水等に関し、異常な事態が生じた場合又は必要と認めた場合

(2) 発電所の運転、保守及び管理の状況等について、特に必要と認めた場合」

また立入調査を行う者については、新潟県・柏崎市・刈羽村の職員から選任するほか、県の技術委員会委員及び周辺地域住民代表を同行させることができるとしています（13条1項・3項）。技術委員会委員及び周辺地域住民代表の同行は最初の協定書には明文化されていませんでしたが、後に追加されたものです。

また、14条1項は、立入調査の結果、県又は柏崎市若しくは刈羽村が「特別の措置を講ずる必要があると認めたときは、国を通じ、丙（東京電力）に対し原子炉の運転停止を含む適切な措置を講ずることを求めるものとする。ただし、特に必要と認めたときは、直接丙にこれを求めることができるものとする」と定めています。この措置要求に関する規定は当初より存在したものですが、「原子炉の運転停止を含む」という文言は後に挿入されました。すなわち運転停止の求めを明文として取り入れたものです（2005年8月）。このとき、運転再開時の県との事前協議も取り入れられました。

この立入調査は、例えば、2002年（平成14年）の東電不正記録発覚時や2007年（平成19年）の中越沖地震発生後など、相当数実施され、それに基づく措置要求もなされています。

情報の公開及び安全に関する連絡通報に関する規定

情報の公開及び連絡通報については、第2条（情報公開）が、「丙は、発電所の運転、保守及び管理等の状況について、積極的に情報の公開を行い、周辺地域住民との間で情報の共有に努めるものとする」と規定していますが、これは2003年（平成15年）に東京電力不正問題への対応として新設されたものです。また、第4条で東京電力と新潟県・柏崎市・刈羽村は「安全確保対策等のため必要な事項を通報連絡する」とし、さらに第5条（取組状況等の報告）は、新潟県・柏崎市・刈羽村は、東京電力に対し安全確保対策の取組状況等について報告を求めることができるとしています。

関連する規定として、新潟県と東京電力はそれぞれ環境放射線等の測定を行い、この結果を公表するものとしています。

防災及び災害発生時の対応について

柏崎刈羽原発に関しては、防災及び災害発生時の対応は規定されていません。これらを本協定に取り入れるのか、それとも別の協定を策定するのかの選択の余地はあるにしても、これらに関する東京電力の義務を定める必要があるように思います。これについては、3つの検証に関する十分な審議を踏まえてなされることになると思いますし、また防災・避難・安全確保の十分な対応策がとられるまで、県は運転再開の了解をすべきものではありません。

(2)　県内全市町村と東京電力の協定

新潟県の特徴として、既に安全協定を締結している柏崎市と刈羽村を除くすべての市町村が東京電力と住民の安全確保のための協定を締結していることが挙げられます。この協定は、「東京電力株式会社柏崎刈羽原子力発電所に係る住民の安全確保に関する協定書」と称し、2013年（平成25年）1月に締結されました。

協定書は7箇条からなり、連絡会の設置（1条）、通報連絡（2条）、現地確認（3条）、損害の補償（4条）、協定の変更（5条）、協定の効力等（6条）、その他（7条）となっています。このうち、通報連絡は、東京電力が市町村に対し、直ちに連絡すべき場合を原子力災害対策特別措置法（原災法）10条1項による原子力防災管理者の通報が必要な事象が生じた場合（基準以上の放射線が検出された場合など）と同法15条1項各号に掲げる場合（原子力緊急事態）をあげ、また、東京電力が原子力規制委員会の報告する場合など22項目を挙げています。

また、協定の運用要綱が策定されており、協定3条の現地確認につき、原則として、原発から30㎞圏内にある市町（長岡市、上越市、小千谷市、十日町市、見附市、燕市、出雲崎町）が行うとしています。

本協定には、運転再開への了解等の規定はありませんが、このような規定を設けることも、協定の性質上、合意があれば可能です。京都府が関西電力と締結した大飯原発に関する安全協定にも了解条項はありませんが、むしろUPZの趣旨を考えるならば、運転再開の了解条項は必要であるように思います。また、都道府県も都道府県内自治体が原発事業者との安全協定を締結する場合には、それが実効性のあるものとなるように支援すべきものでしょう（原災法5条が援用する災害対策基本法4条1項）。

2　安全協定の法的性質

(1)　その法的拘束力について

自治体の安全協定締結権

冒頭で触れたように、原子力安全協定について、それはあくまで紳士協定であり、法的拘束力は有しないという見解が現在でもあります。それは、原子力安全協定を締結できる根拠規定がないこと、原子力行政は国の専権であり自治体の事務でないこと、当事者も紳士協定であると理解していることを理由としているようです（参考文献⑤154頁参照。柏崎刈羽原発安全協定につき、締結時の新潟県知事は「法的裏付けのない、いわば紳士協定」と述べていました。昭和58年新潟県議会6月定例会本会議7月5日議事録）。しかし、これらは安全協定の法的拘束力を否定する正当な理由といえるものでしょうか。

原子力安全協定は、自治体と原発設置事業者との合意によって締結されるものです。つまり、一方的に国民の権利を制限し、義務を課すような権力的行為ではありません。すなわち、非権力的な行為です。そして、非権力的な行為は法律の根拠を必要としません。もちろん、憲法及び地方自治法が定める地方自治体の事務に含まれるものでなければなりませんが、原発の操業時のトラブルや事故から住民の安全を確保することが自治体の事務であることはいうまでもないことですし、原災法もそれを明記しています（五条）。

また、自治体の長（知事・市町村長）は、議会や他の委員会の権限とされているものを除き、自治体の事務について幅広い権限を有しますので、自治体の長が自治体を代表して、原発設置事業者と安全協定を締結することは適法な行為です。原子力安全協定について詳細な調査をした菅原慎悦氏は、原子力安全規制に関して自治体が規制権限を持たないことを理由に、安全協定による自治体の関与を「非公式な関与」と表現していますが（参考文献⑥35頁）、自治体が原発事業者と安全協定を締結して住民の安全を図ることは自治体の公式な業務にほかなりません。「非公式の関与」ではなく「公式の非権力的関与」というべきではないかと思います（菅原氏も参考文献⑥35頁の注4でこのような理解の可能性も指摘しています。なお、菅原氏は原子力安全協定が実際に果たしている役割について積極的評価をしていることを付言しておきます。）。

公害防止協定と原子力安全協定

原子力安全協定が法的拘束力を有しない紳士協定であるという考えには、原子力安全協定に先行して多くの自治体が企業と締結した公害防止協定（最近は環境保全協定と称することが多い）の法的性質に関する議論が影響しています。

公害防止協定は、高度成長期の１９６０年代に、当時の不十分な公害規制法制への対応策として自治体が企業と締結したものですが、当時においては行政作用としての公法契約は法律上の根拠規定が必要であるとの学説が有力であり、紳士協定説はそのために生じたものです。しかし当時においてもその法的効力を主張する見解が出されていましたし、その後の判例は基本的に公害防止協定の法的拘束力を肯定しています。そして、最高裁２００９年（平成21年）７月10日判決も、福岡県の旧福間町（現福津市）と産業廃棄物処理事業者との公害防止協定の法的拘束力は否定できないとし（同判決は事件を福岡高裁に差戻した）、差戻し後の福岡高裁平成22年5月19日判決は、同協定に基づいてなされた自治体（福津市）の産廃事業者に対する事業差止め請求を認容しました。行政法学説でも、今日では、自治体がその行政目的の実現のために締結した契約は、それを行政契約としてその法的効力を肯定する見解が一般的です（参考文献⑨３７７頁以下）。

また、公害防止協定に比較し、原子力安全協定は明確な規制基準（クライテリア）を有していないことを指摘する研究もあります（参考文献⑦）。しかし、自治体の再稼働の了承権や立入調査権、あるいは事業者の情報公開義務と通報連絡義務等、その法規範的意義（権利義務関係）が十分に明確であるものは少なくありません。

原子力安全協定も、原発設置自治体やその周辺自治体が住民の安全確保や環境保全のために事業者と締結するものであり、その点は公害防止協定と同じです。またいずれも法的根拠規定を有するものでありませんが、自治体の事務として認められるものです。したがって、原子力安全協定の法的拘束力を否定する理由はありません。

法的拘束力を認めることの意義

ところで菅原氏の研究によれば、安全協定の法的性質の有無に拘わらず、今日においては、原発設置事業者も協定を遵守しようとしているとのことです。このように原発事業者が協定を遵守する限り、法的拘束力をめぐる問題は顕在化しません。しかし、その法的拘束力は万一不履行という事態があったときに、先にあげた旧福間町の公害防止協定をめぐる事件が示すように、司法的強制を可能とするということにおいて、非常に重要な意義を持つものであることも忘れることはできません。米山隆一前新潟県知事は安全協定の法的拘束力を認めていましたが、自治体の首長として大切な姿勢であると思います。

(2) 原発の設置や再稼働に対する自治体同意について

最後に、原発設置や再稼働における自治体の同意について述べておきたいと思います。たしかに、我が国の原子力法制は、法的拘束力を持つ許可権や改善命令あるいは停止命令権の権力的規制権限はすべて国（原子力規制委員会）に委ねており、自治体に原発事業者に対する強制的権限は付与していません。しかしながら、従前より、原発設置許可の審査に当たっては、関係自治体の同意があって開始するという運用を行ってきました。また、今日の稼働再開に関しても関係自治体の同意を求めています。これは、ある意味では事実上の行為です。安全協定に基づくものを別とすれば、原発再稼働にあたって自治体同意が法的要件とされているものではありません。しかしながら、原発をめぐる今日の状況からすれば、関係自治体の同意を得ることなしに原発を設置したり、再稼働することは不可能です。すなわち、原発をめぐる今日の状況は、自治体同意の法的性質に関係なく、事実上それが必要とされていることを示しています。そのことは原発設置者も政府も否定できないところですし、むしろ同意を得ることが原発の円滑な設置や再稼働とって極めて重要であることを認識しているからこそ同意を求めようとしているわけです。つまり、自治体同意がなされるまで再稼働をしないということは原発事業者の了解のもとに行われていることであって、これをもって自治体が法定外権限を行使しているかのように評価することはできません。

それはさらに原発事業者が関係自治体との安全協定を締結することの理由でもあります。つまり、原発事業者は関係自治体の理解を得るために、安全協定が必要なものと考えていると思われます。このことは菅原氏の研究でも示されています（参考文献④41頁）。上述のように、自治体は強制的規制権限がないとしても、非権力的手法を駆使しつつ、住民の安全と地域環境を守るために、自治体の仕事として安全協定を締結しているのであり、安全協定は今日の地方自治法制下で適法かつ正当なものと認められます。さらに自治体が締結する行政契約には、法律の規定を超えて、地域の実情にあった取り決めを取り入れたり、先進的な手法を取り入れることも可能であるという重要な特徴があることも指摘しておきたいと思います。自治体が住民の意見を踏まえて、安全協定の充実に積極的に取り組むべき理由の一つといえます。

参考文献

①反原発運動全国連絡会編『地方自治のあり方と原子力』七つ森書館（２０１７年）。
②京都自治体問題研究所原子力災害研究会『原発事故―新規制基準と住民避難を考える』京都自治体問題研究所（２０１８年）。
③石崎誠也「原子力安全協定の法的性質と自治体の役割」『住民と自治』６５５号28頁（２０１７年11月）。
④『２００７〜２００８年度　原子力法制研究会　社会と法制度設計分科会　中間報告』東京大学公共政策大学院

（２００９年６月）。

⑤菅原慎悦・稲村智昌・木村浩・班目春樹「安全協定にみる自治体と事業者との関係の変遷」日本原子力学会和文論文集 Vol.8, No.2, p.154, 2009。

⑥菅原慎悦「原子力安全協定の現状と課題―自治体の役割を中心に」『ジュリスト』１３９９号35頁（２０１０年４月）。

⑦菅原慎悦・田邉朋行・木村浩「原子力安全協定をめぐる一考察　公害防止協定との比較を通じて」日本原子力学会和文論文集 Vol.10, No.2, p.119, 2011。

⑧小池拓自「原発再稼働と地方自治体の課題」国立国会図書館『調査と情報』９１１号（２０１６年）１頁。

⑨宇賀克也『行政法概説Ⅰ（第６版）』有斐閣（２０１７年）。

⑩金井利之「原子力発電所と地元自治体同意制」『生活経済政策』１８８号（２０１２年９月）15頁。

⑪最高裁判所平成21年７月10日判決（裁判所 web サイトで閲覧可能）。

7　原発立地都市・柏崎市の地域と経済
─崩壊した「原発の地域経済効果」神話を超えて

保母武彦

はじめに

原発の再稼働をめぐって、全国各地で賛否両論が激突しています。そんな中で新潟県は、検証委員会を設置、充実させて、科学尊重の立場を貫こうとされています。この新潟県の対応は、原発問題の正しい解決に範を示すと同時に、政策科学の発展の重要なモデルになると考えられます。

本章は、柏崎市（人口8万4516人、住民基本台帳、2018年9月末）域にしぼって、原発の立地・稼働が地域社会に及ぼす「地域経済効果」を考えます。経済効果にはプラスの効果とマイナスの効果があります。マイナスの経済効果とは、福島原発の事故が地域経済に与えたようなマイナスの影響です。原発の議論では、マイナスの経済効果は「安全性への配慮」の一言で棚上げされています。これは、経済アセスメント評価あるいは費用対効果分析によるアセスメントの問題です。金銭換算できない生命などの絶対的損失にも関わってきます。本章は、上記のような問題意識を持って、柏崎刈羽原発6、7号機の再稼働問題を考えるヒントを探ってみたいと思います。

1　柏崎市の人口減少・少子高齢化への対策と原発

「これからもずっと　そしてもっと柏崎」をキャッチフレーズとした柏崎市第五次総合計画、その前期基本計画（2017年度～2021年度）が進行中です。この総合計画の最重要課題は、人口減少・少子高齢化の同時進行への対応となっています。この背景には、日本創成会議が名指しで公表した「消滅可能性都市」リストの中に、柏崎市が入っていたことが引き金になったと考えられます。余程ショックだったのか、柏崎市は、総合計画の審議期間中に、日本創成会議の増田寛也氏を基調講演の講師に招いてパネルディスカッションを開催しています。

「柏崎市まち・ひと・しごと創生総合戦略」における市の「人口ビジョン」では、2010年の総人口約9・1万人が、2060年に約5・5万人から約7・2万人を目指すべき将来の人口規模としています。

第五次総合計画の中では、原発について、「更なる安全確保の取組と情報公開による透明性の確保を国及び事業者に対して強く求めます」とあり、避難計画の充実、防災訓練の実施、原子力防災対策にたいする理解促進と普及啓発が述べられるにとどまっています。

2　柏崎市　地域エネルギービジョン

10年後の地域の将来について、「柏崎市　地域エネルギービジョン」が、2018年3月、市から公表されています。そこでは、「柏崎市は、これまで石油産業のまち、原子力産業のまちとして歩んできた歴史を踏まえ、『次世代エネルギーの活用による温暖化対策の推進』、『エネルギー・環境産業の創出』を据え、『新たなエネルギーのまち』の形成を目指します」とあります。

柏崎市地域エネルギービジョンは、将来像を脱炭素社会とし、将来像への途上として、まずは地域資源を最大限活用する低炭素社会に向けて、「再生可能エネルギーと原子力のまち」（2・5）を進め、再生可能エネルギーの有効活用と省エネルギー設備の導入、水素などの次世代エネルギーの導入・活用についての研究、環境エネルギー関連産業の創出を図るとともに、原子力発電所との共存の基盤となる安全技術、将来の廃炉に対応できる産業の育成に取り組むとしています。問題は、「再生可能エネルギーと原子力のまち」を終わらせる目標年次も明記されない単なるビジョンであり、脱炭素社会を目指して放射能汚染リスクと「共生」

する計画だという点です。

3　柏崎市の商工業―概況

(1)　静かな街―柏崎市

柏崎刈羽原発が表舞台に登場するのは、今からおよそ50年前、69年3月に柏崎市議会が原発の誘致を決議したときからです。78年12月に1号機が着工し、7号機が営業運転を開始する97年7月までの20年間弱、この期間には、原発関連の建設工事がある程度は地元経済を刺激してきました。しかし、原発が明確な形で地域の産業構造を変え、市街を活性化させてきた跡形は見えないし、中心街の賑やかさも感じられません。

世界最大の原子力発電所が立地する柏崎市と聞けば、原発で繁栄する〝原発城下町〟が連想されますが、実態は程遠い感じです。人影がまばらで静かな都市、これが、私が調査訪問した時の実感です。その訪問が原発の長期運転停止時期だったから静かだったのでもなさそうです。

原発と地域経済の関係を見る前に、その前提として柏崎市の商工業の概況を見ておきましょう。

(2)　柏崎市の工業

柏崎が製造業の集積地になった最初の契機は、1894（明治27）年12月に宮川油田が開発に成功したことにより、製油会社の設立が始まったことです。日本石油会社（現・JXTGエネルギー㈱）が、本社を柏崎に移転させ、当初海外から輸入していた製油機器、さく井機、油槽などの社内生産のために㈱新潟鉄工所柏崎分工場（現・日本フローサーブ㈱）を設立しています。しかし、盛況は一時的なもので、昭和初期には衰退しています。

1927（昭和2）年、理化学研究所が研究成果の生産のために理化学興業（現㈱リケン）を柏崎市内に進出させ、ピストンリング、切削工具、電線などを生産するとともに、関連企業群を形成してきました。

その後も製造業は進出し、現在約400社にのぼっています。中でも、㈱リケン柏崎事業所は、自動車製造業の発展を背景に、ピストンリングの国内生産シェアの約5割を占めるに至っています。

更なる産業集積を目指して、新産業団地「柏崎フロンティアパーク」が2008年から分譲開始されていますが、まだ、分譲・賃貸率は約50％にとどまっています。※1

(3)　柏崎市の商業

1967年からのアーケードの整備や核店舗の立地によって中心市街地が形成され、商業の中核として繁栄を続けてきましたが、80年代の後半頃から郊外大型店舗の増加に伴い、中心市街地の衰退がはじまりました。80年代後半と言えば、85年に原発1号機が営業運転を開始した年であり、その後も毎年、2機ないし4機の原発建設工事が並行していた時期です。原発が地域経済の活性化効果を持つのであれば、少しでも先見の明のある企業は集まってくるはずですが、柏崎市では、逆に衰退を始めたのです。

90年代初頭から、商店街の蘇生事業が取り組まれます。東本町まちづくり事業（開発面積4ha、総事業費約200億円）は、2001年に完成しました。従来の商業施設だけでなく、生涯学習機能と産業交流機能を持つ「市民プラザ」や「学習プラザ（公民館）」、柏崎シネマ（映画館）も備えています。柏崎駅周辺の工場跡地を再開発し、商業機能、業務機能、居住機能などを配置する街づくりが推進されています。

しかし、一方では近年、老舗の商店や飲食店が店を閉じ、今年18年夏、イトーヨーカドー丸大柏崎店が閉店しました。中心市街地の衰退を象徴する閉店です。

4　柏崎における原発の「地域経済効果」の実態

(1)　新潟日報社の調査報道

新潟日報社が社内に調査班を組織して、原発の地域経済への貢献度を調査した貴重な資料があります。市内の業種構成に合わせた100社モデルの調査ですが、「柏崎刈羽原発の全基停止による売り上げの減少はあるのか」の設問に対する回答は、「ない」が67社、「売上減少10％以上」が7社のみで、原発停止による影響は少なかったという調査結果でした[※2]。

柏崎刈羽原発は7機の原発を持つが、全機が稼働停止の期間にこの状況では、仮に再稼働しても、潤う企業は少なく、市の産業を活性化するには程遠いと予測されます。

柏崎市は原発の城下町ではないことを、改めて教えられました。これが原発の「経済神話」の実態です。島根にある日立金属安来製作所や三菱農業機械などを見ると、特殊な製品ごとに企業があり連携して多くのグループ社とともに地域産業を構成していますが、電力会社の特殊性なのか、柏崎では原発は〝孤高〟の存在であり、地域的な企業連携が少ないようで、このことが経済的波及効果を低くしています。

⑵　再稼働支持の風潮生んだ原発の「経済神話」

先の新潟日報調査では、「柏崎刈羽原発の安全性が確認されたら、再稼働してほしいか」の質問に、自社には恩恵がない企業を含めて、回答100社のうち66社が、「はい」と答えたということです。

では、このような再稼働への期待感は、どのようにして生み出されたのか。それを考えてみましょう。

東電は福島第一原発事故に伴う被災者への賠償や廃炉などで必要となる約22兆円のうち自社負担が約16兆円になるという試算もあります。さらに、原発停止分の電力を火力発電で補おうとすれば、産油国側の事情などから石油価格の上昇、火力発電の燃料費の値上がりリスクがあります。このため、東電の経営サイドから、火力発電の抑制と柏崎原発の再稼働への期待が高まっています。6、7号機が再稼働すれば、東電は年間約1000億~2200億円のコスト削減につながるとされます。※3

東電は、12年5月、電気料金の値上げを告示し、「徹底した経営合理化の取り組みをもってしても、燃料費等のコスト増分を賄いつつ、深刻な経営状況から脱却することは極めて困難な見通しとなっております※4」と、値上げの弁明をしています。このような電気料金の値上げ広報は、東電にとっては2つのメリットがあります。1つは電力販売収入の増加ですが、もう1つは、事業所や消費者に対して、柏崎原発の再稼働が必要だという宣伝効果です。

電力会社から経営の窮状を訴えられれば、規模こそ違うが同じ経営者として、経営支援の心情に駆られても不思議ではないでしょう。企業としての〝おつきあい〟もあるでしょう。

5　原発政策と地方自治

(1)　原発・エネルギー政策の中央集権制と、その結果

原発の立地・運用政策の責任は、国にあるのか地方自治体にあるのか。現在、原発の建設や運転の政治的責任を持つのは、国です。では、その根拠は何か。

この集権的制度の正当化に利用されている根拠が、〝資源小国日本〟論です。エネルギー資源の大部分を海外に依存する我が国にとって、「資源・エネルギーの安定供給は必要・不可欠」※5だから、その権限については政府が担うのが当然であるという論理です。

原発の立地・稼働の権限を掌握した中央政府は、取り返しのつかない事故の危険性を持つ原発を、大都市圏（政治・経済の中心）から遠い新潟や福島のような地方へと追い遣りました。地方で事故が起こっても、日本の基幹的機能は破綻しないようにと考えてのことです。原発を大都市から隔離する政策は、中央集権でなければできないでしょう。

原発の「安全神話」を流布したのは政府ですが、原発を受入れる地方は、「安全神話」だけでなく、原発が地域経済に波及効果をもたらすという「経済神話」をも信じ込まされ、さらには、いわば迷惑料ですが、原発交付金等による財政対策も追加されました。こうして、地方が原発推進政策に巻き込まれていったのです。

⑵　原発は〝いのちの問題〟、地方自治の課題

中央集権による原発・エネルギー政策の支配は、地方分権と自治の時代から取り残されてきました。その結果が、福島の原発事故による深刻な放射能被災です。被害だけが、原発の立地・周辺地域に残りました。福島の事故が教えてくれたことは、原発はエネルギーの問題である前に〝いのちと暮らし〟の問題だということです。これが最も重要な視点です。

また、再生可能エネルギー利用の重要性が増してきた中では、いつまでも〝資源小国〟論に基礎を置くのは間違いです。

最近、再生可能エネルギーと原発の発電コストを比較して、コストの低い原発を推進せよという主張もされていますが、そもそも、人の命に関わる問題と発電コストの高低は比べる対象ではないのです。ついでに言えば、原発の方が、再生可能エネルギーよりも高コストであり、原発賛成のコスト論者は、二重の間違いを犯しています。

地方自治法には、地方自治体の責務として、「住民の福祉の増進を図ることを基本」（第一条の二の一）にすると定めています。住民（国民）の〝いのちと暮らし〟を守ることは、地方自治体の基本的責務なのです。そうである以上は、自治体政策においても、原発の地域経済効果なる神話を、〝いのちと暮らし〟よりも優先すべきではありません。

6　政府のエネルギー政策で、柏崎市の発展はあるか

(1)　エネルギー基本計画における国と地方の関係

長期的、総合的かつ計画的な視点に立ったエネルギー政策の遂行を目的として、2002年6月に制定された法律が「エネルギー政策基本法」です。法制度としては、エネルギー基本法が最上位に位置します。国と地方自治体の関係もこの基本法で律されなければなりません。エネルギー政策基本法第六条には「地方公共団体の責務」について、次のように規定されています。

「第六条　地方公共団体は、基本方針にのっとり、エネルギーの需給に関し、国の施策に準じて施策を講ずるとともに、その区域の実情に応じた施策を策定し、及び実施する責務を有する。」

このように、地方自治体は、「国の施策に準じて施策を講ずる」とともに、自治体の施策の策定、実施に責務を持つことが明記されています。ここに言う「国の施策に準じて」の「準じ」とは「ある基準を標準として考える」（広辞苑）の意味であり、「考える」主体は自治体であって、国に追従する義務はありません。

⑵　マイナスの経済効果も入れた戦略的アセスメントを

「第四次基本計画」で原発の維持・推進に前のめりになった政府は、「第四次基本計画」を踏襲して現在の「第五次基本計画」へと突進してきました。柏崎市は今、原発との〝共生〟を続けるかやめるかの岐路に立っています。原発に依存しても経済波及効果は期待できず、柏崎経済の発展に利点がないことは、先述した通りです。そうであれば、国の再稼働政策に期待することなく、別の発展の道を選択すべきでしょう。

柏崎市の原発と地域経済の関係について言えば、これまでは原発立地による雇用や所得の増加などプラスの経済効果に関心がありました。しかし、冒頭に述べたように、経済効果にはプラスもあればマイナスもあります。マイナスの経済効果の典型例が福島原発事故後の地元経済の苦境です。放射能汚染によって、多くの商店や工場が廃業や町外転出に追い込まれました。

柏崎原発でも何らかの事業を始める前には、環境アセスメントのように、社会・経済への影響を予測調査する「戦略的アセスメント」が必要です。費用（原発事故で地域経済壊滅のリスク）と効果（原発による雇用や所得の増加）を比較する「費用対効果分析」も考えたらよいでしょう。

まとめにかえて―柏崎市の人口減少問題の解決と地域発展のために

冒頭で述べたように、柏崎市の第五次総合計画では、「人口減少・少子高齢化の同時進行」への対応を柏崎市の最重要課題と位置付けていました。この対策にとって、就労の場の確保や所得の向上に資する原発の再稼働が必要だとの意見もあります。

しかし、地域人口の減少をストップし、安全・安心な環境で豊かな暮らしを築いてきた地域の教訓を取り入れれば、原発の再稼働に固執しなくても、柏崎市の人口問題を解決する明るい展望が開けるでしょう。

人口減少対策に焦点を絞って、いくつかの事例を紹介しておきましょう。

原発を再稼働させれば、人口の流出・減少が止むという保証があるわけでもありません。むしろ、住民参加で、創意を生かした小規模自治体の方が、人口減少対策に成果を挙げてきました。例えば、

○北海道東川町（８１１１人）＝１９９０年以降人口増加。合計特殊出生率１・95。農業の町であり、農業の高付加価値化を目指すとともに、学校教育においては、国民の命を支える農業を尊ぶ教育がなされ、外に向かって農村の魅力ある生活を発信しています。

○福島県大玉村（８６２３人）＝１９７０年から一貫して人口増加。合計特殊出生率１・

49。妊婦健診、18歳まで医療費無料化、保育料減免、幼稚園授業料減免などの子育て支援。定住促進対策事業として、村道の設置、上下水道本管敷設等を住民参加で進めてきました。

○長野県原村（7581人）＝1970年から人口増加。合計特殊出生率1・55。保育料第2子半額、第3子無料、保育士の加配、妊婦健診・乳幼児健診無料化、18歳まで医療費無料化。「環境にやさしい村づくり」が総合計画の基本理念です。

○長野県下條村（4144人）＝1990から一貫して人口増加。合計特殊出生率1・86。若年定住促進住宅の建設。出産祝金。高校3年生まで医療費無料化。保育料は階層により約50％引き下げ。子育て応援基金。定住促進住宅の建設など、子育て、福祉を重視してきました。※6

これらに共通するのは、財政は困難だが合併せずに自立して、住民参加で頑張ってきた自治体です。大玉村では1970年から40年間にわたって総人口が増加し続けています。

この事例以外にも、日本一のまちづくりは、北海道下川町と島根県海士町だという評価もあります。長野県阿智村、島根県邑南町、宮崎県綾町など小規模自治体だからこそ、住民主体の地方自治が威力を発揮して成果を挙げています。

これらの自治体では、UIターン者が多く、UIターン者が20～30歳代であれば、子どもの誕生もあり、自然動態もプラスに転じる可能性が高くなります。岡山県の奈義町では、合計特殊出生率（一昨年）が２・０を超えてきました。

地域づくりとは、人間の尊厳が守られ、心ゆたかに、助け合って住み続けられる人間本来の社会につくりかえることではないでしょうか。そのような地方自治の目標は、住民が真の主権者になる社会です。そのヒントとなる好事例が、全国各地に次々と生まれています。ぜひ参考にしていただきたい。

注

1　柏崎市・柏崎商工会議所「柏崎市の商工業　２０１７年度版」31頁。
2　Web Ronza　２０１８年3月19日。詳しくは、新潟日報社原発問題特別取材班著『崩れた原発「経済神話」』、明石書房、２０１７年。
3　https://www.sankeibiz.jp/business/news/180803/bsd、２０１８・８・３　06：10「柏崎刈羽の再稼働　不透明感は依然拭えず」。
4　東京電力株式会社「電気料金の値上げについて」、平成24年5月11日。
5　「エネルギー基本計画」２０１０年。
6　全国小さくても輝く自治体フォーラムの会・自治体問題研究所編『小さい自治体　輝く自治』（自治体研究社）２０１５年。町村人口数は２０１５年国調に修正。

あとがき

２０１１年の東北地方太平洋沖地震による福島第一原発の事故は、多くの住民に避難を余儀なくさせ、いまだに故郷への帰還の目途すらたたない多くの人達に不安な生活を強いています。原発事故は人々の生活を壊すだけでなく、人々の生活の場である市町村（自治体）の存立をも危うくします。それだけに自治体は原発の安全性に強い関心を持っていますし、また万一の事故の場合に住民を確実に避難させるための計画を真剣に作ろうとしています。

原発の稼働や万一の事故から住民の安全を確保することは自治体が果たすべき当然の責務です。そのため、米山隆一前新潟県知事は、福島第一原発の深刻な事故を踏まえ、「３つの検証」を提起して、これら3つの検証が十分に行われ、住民の安全が確実に保障されるという確証が得られるまでは、柏崎刈羽原発の再稼働に同意できないという姿勢を明確にしてきました。米山前知事の突然の辞任により新しく選ばれた花角英世知事も、この3つの検証はその方針を維持しています。原子力災害対策特別措置法5条は「原子力災害予防対策、緊急事態応急対策及び原子力災害事後対策の実施のために必要な対策を講ずること」を自治体の責務と定めていますが、３つの検証はこの責務を果たすために必要なものです。

また、これらの検証及び原子力災害対策計画は、専門家による十分な検討を踏まえてなされる必要がありますが、それだけでなく、その審議の過程と原案が住民に公表され、住民の立場からの見直しと改善を経てさらに練り上げられるべきものでしょう。そして、それは住民の理解と信頼こそが大切であり、そのため災害対策計画は住民投票などで住民に信認されるべきものではないでしょうか。もし、そのような十分な計画が策定されることなしに自治体が原発再稼働に同意するとしたら、それは自治体の責務の放棄に他なりません。

私どもにいがた自治体研究所は、これまでも本書の編者である立石雅昭新潟大学名誉教授を中心に柏崎刈羽原発問題を検証するブックレット等を発行してきましたが、この度、新潟県原子力発電所事故に関する検証委員会の委員の先生方にも寄稿していただき、本書を発表して、改めて新潟県における3つの検証の意義を探ることとしました。本書が原発再稼働をめぐる県民の方々の議論を進める一助となれば大変嬉しく思います。

最後になりますが、私どもの意図を理解し、本書を発行していただいた自治体研究社にお礼申し上げます。

2018年10月

にいがた自治体研究所理事長　石崎誠也

【編著者】
立石雅昭（たていし まさあき） 新潟大学名誉教授

【著　者】
池内　了（いけうち さとる） 総合研究大学院大学名誉教授、名古屋大学名誉教授
大矢健吉（おおや けんきち） にいがた自治体研究所常任理事
松井克浩（まつい かつひろ） 新潟大学人文学部教授
丹波史紀（たんば ふみのり） 立命館大学産業社会学部准教授
佐々木寛（ささき ひろし） 新潟国際情報大学国際学部教授
石崎誠也（いしざき せいや） 新潟大学名誉教授、にいがた自治体研究所理事長
保母武彦（ほぼ たけひこ） 島根大学名誉教授

原発再稼働と自治体—民意が動かす「3つの検証」—

2018年11月10日　初版第1刷発行

編　者　立石雅昭・にいがた自治体研究所
発行者　福島　譲
発行所　㈱自治体研究社
〒162-8512 新宿区矢来町123 矢来ビル4F
TEL：03･3235･5941／FAX：03･3235･5933
http://www.jichiken.jp/
E-Mail：info@jichiken.jp

ISBN978-4-88037-686-8 C0031

DTP：赤塚　修
デザイン：アルファ・デザイン
印刷・製本：モリモト印刷